DEUTSCHE AKADEMIE DER WISSENSCHAFTEN ZU BERLIN

Veröffentlichungen der Sternwarte in Sonneberg

Band 5 · Heft 2

WOLDEMAR GÖTZ

Photographische Untersuchungen an RW-Aurigae-Sternen in den Dunkelgebieten von Taurus und Orion

Akademie-Verlag · Berlin 1961

Woldemar Götz

Photographische Untersuchungen an RW-Aurigae-Sternen in den Dunkelgebieten von Taurus und Orion

Veröffentlichungen der Sternwarte in Sonneberg · Band 5 Heft 2

DEUTSCHE AKADEMIE DER WISSENSCHAFTEN ZU BERLIN

Veröffentlichungen der Sternwarte in Sonneberg

Band 5 · Heft 2

WOLDEMAR GÖTZ

Photographische Untersuchungen an RW-Aurigae-Sternen in den Dunkelgebieten von Taurus und Orion

Mit 10 Abbildungen und 20 Tabellen

Akademie-Verlag · Berlin 1961

Erschienen im Akademie-Verlag GmbH, Berlin W 8, Leipziger Straße 3–4

Lizenz-Nr.: 202 · 100/492/61
Gesamtherstellung: VEB Druckerei „Thomas Müntzer" Bad Langensalza
Bestellnummer: 2006/V/2
Preis: DM 11,40
Printed in Germany
ES 18 D 4

INHALTSVERZEICHNIS

Allgemeines

Die nachfolgenden Untersuchungen erstrecken sich auf Sterne, die im Laufe der letzten 10 Jahre als Hauptreihensterne mit Emissionslinienspektrum meist späten Types oder zumindest als Sterne mit H_α-Emission (H_α-Sterne) bekannt wurden. Ausgangspunkt der Arbeit ist eine 1949 von A. JOY [1] publizierte Liste von 40 Sternen, bei denen u. a. die Linien des Wasserstoffs und Kalziums in Emission vorgefunden wurden. Allein 28 Objekte dieser Liste sind vom Spektraltypus dKe und dMe. Von 4 Sternen gibt JOY das Spektrum Ge. Außerdem gehören 2 Be-Sterne (B3e und B9e) und der in einem Nebel stehende Veränderliche HK Ori mit dem Spektrum A4ep dazu. Von den übrigen Sternen fehlt eine Spektralklassifikation. JOY weist aber darauf hin, daß sich bei allen Sternen die H_α-Linie in Emission befindet. Die von JOY untersuchten Sterne verteilen sich auf 3 Gebiete, nämlich auf die Regionen MH_α-257 (Zentrum 1900.0: 4^h32^m + 16°22′) und MH_α-259 (Zentrum 1900.0: 4^h32^m + 26°22′) im Taurus und auf die Region MH_α-265 (Zentrum 1900.0: 5^h30^m + 12°.0) im nördlichen Orion.

Die gleichen Gegenden wurden später mit der TONANTZINTLA-Schmidtkamera von G. HARO, B. IRIARTE und E. CHAVIRA noch einmal nach Emissionsliniensternen abgesucht. Neben den schon bekannten Objekten von JOY fanden sie 74 neue, meist schwächere H_α-Objekte mit unterschiedlicher H_α-Emission [2].

Im Jahre 1959 wurde eine Arbeit von G. A. MANOVA bekannt [3], die die Orion-Region MH_α-265 und ihre nähere Umgebung ebenfalls nach H_α-Sternen absuchte. MANOVA bestätigte die Sterne von JOY und einen Teil der von HARO und Mitarbeitern in diesem Gebiet entdeckten Objekte. Sie veröffentlichte außerdem 32 neue Sterne mit H_α-Emission unterschiedlicher Intensität in der Umgebung von FU Orionis.

Bei Abschluß der vorliegenden Untersuchungen erschien eine vorläufige Mitteilung von M. W. DOLIDSE [4], der 16 weitere H_α-Sterne in der Umgebung von CO Orionis gefunden hat.

Charakteristisch für alle Sterne der aufgezählten Publikationen ist ihre Lage und Häufung in den Dunkelgebieten. Die Häufungspunkte der H_α-Sterne im Taurus liegen bei χ Tauri und α Tauri, in Gegenden also mit ausgeprägten und weitverzweigten Dunkelwolken. Ähnliche, aber noch markantere Verhältnisse sind im Orion vorzufinden. Die Häufungspunkte liegen hier bei HK Ori und FU Ori. Im Gegensatz zum Taurusgebiet erscheinen die Dunkelwolken im nördlichen Orion relativ eng begrenzt. Außerdem ist hier die scheinbare Häufungsdichte der H_α-Sterne wesentlich größer. Während sich in der Region MH_α-259 62 Sterne auf ein Feld von etwa 12° × 9° verteilen, drängen sich in der Oriongegend 88 Sterne in einem Areal von 6° × 5° zusammen. Die von DOLIDSE entdeckten H_α-Objekte sind mit einbezogen.

In Wirklichkeit ist die Häufungsdichte der H_α-Sterne in beiden Gebieten nahezu gleich, wenn man die Entfernung der Tauruswolke mit 170 pc und die des Orion-Dunkelgebietes mit 370 pc berücksichtigt.

Die von JOY entdeckten Emissionsliniensterne der Regionen MH_α-257, -259 und -265 wurden von CHOLOPOW [5] 1951 auf ihre Veränderlichkeit untersucht. CHOLOPOW fand zusammen mit KUROTSCHKIN Helligkeitsänderungen bei 31 Sternen der oben genannten Gebiete und ordnete diese Veränderlichen dem RW-Aurigae-Typus zu. Das dieser Bearbeitung zugrunde liegende Beobachtungsmaterial war allerdings nicht umfangreich.

Zum weiteren Studium der photometrischen Eigenschaften dieser Sterne und später auch der H_α-Sterne aus den Listen von HARO und MANOVA wurden Untersuchungen auf Sonneberger Platten angestellt [6]. Für die Bearbeitung der Veränderlichen im Taurus standen anfangs nur wenige Aufnahmen, meist nur für hellere Sterne geeignet, zur Verfügung, so daß auch im Hinblick auf die Sterne aus der Liste von HARO eine neue Serie von Platten in 3 Feldern der Region MH_α-259 mit der Schmidtkamera 50/70/172 cm aufgenommen werden mußte.

Die Koordinaten der Mitten der Felder sind:

Feld	Bezeichnung	α 1900.0	δ 1900.0
I	χ Tauri	$4^h16^m\!.5$	$+25\overset{\circ}{.}4$
II	φ Tauri	4 14.2	+27.1
III	—	4 32	+25.5

Durch diese Felder wird ein großer Teil der H_α-Objekte in der Region MH_α-259 erfaßt (s. a. Abb. 1). Die gewünschte Dichte der Beobachtungsreihen wurde allerdings durch die ungünstigen Witterungsbedingungen der letzten Jahre nicht erreicht.

Für die H_α-Sterne in den Oriongebieten lagen die Verhältnisse günstiger. Hier lagen bereits Aufnahmen mit dem 400 mm-Astrographen und einem 170 mm-Triplet aus dem Feld φ_2 Orionis vor. Trotzdem wurden aber auch hier die Umgebungen von HK Orionis und FU Orionis mit der Schmidtkamera aufgenommen.

Die Mitten dieser Felder haben folgende Koordinaten:

Feld	Bezeichnung	α 1900.0	δ 1900.0
I	φ_2 Orionis I	$5^h25^m\!.9$	$+12\overset{\circ}{.}1$
II	FU Orionis	5 42	+ 9.5

In Abb. 1 sind die Feldgrößen der einzelnen Beobachtungsreihen eingezeichnet.

Um rasche Helligkeitsänderungen der Sterne erfassen zu können, wurden auch Reihenaufnahmen vorgenommen. Eine Aufschlüsselung des Beobachtungsmaterials wird in den einzelnen Abschnitten der Arbeit gegeben.

Das Sonneberger Plattenmaterial erfaßt 122 von 146 H_α-Objekten. Dabei sind die von DOLIDSE angezeigten Sterne noch nicht einbezogen. Die Taurus-Region MH_α-257 wurde in Sonneberg nicht aufgenommen.

Die Veränderlichkeit der H_α-Sterne

Nach den Ergebnissen der Arbeit von CHOLOPOW [5] über die Veränderlichkeit der Emissionsliniensterne aus der Liste von JOY war anzunehmen, daß sich auch ein hoher Prozentsatz der übrigen, in der nachfolgenden Zeit entdeckten H_α-Sterne als veränderlich erweist. Bekräftigt wurde diese Annahme durch das Auffinden von 9 neuen Veränderlichen durch HARO, IRIARTE und CHAVIRA bereits bei der Entdeckung der H_α-Emission dieser Sterne. Bei genauerer Prüfung erwiesen sich außerdem 5 Sterne aus den Listen von HARO und MANOVA als bekannte Veränderliche, deren Lichtwechsel HOFFMEISTER[1]) angezeigt hatte. Zwei weitere Objekte sind identisch mit CO Orionis und CI Tauri [7]. WENZEL[1]) veröffentlichte schließlich noch die Veränderlichkeit der Sterne T-Nr. 21 und T-Nr. 22 aus der Liste von HARO und Mitarbeitern.

Bei der Beobachtung von 122 H_α-Sternen auf allen verfügbaren Sonneberger Platten wurden noch einmal 55 neue Veränderliche gefunden [8, 9, 10, 11]. Unter diesen Sternen befindet sich auch der Stern MH_α-259-24, der bei CHOLOPOW und KUROTSCHKIN als konstant bezeichnet wird, auf den mir zur Verfügung stehenden Aufnahmen aber lebhaften Lichtwechsel zwischen $14^{m}4$ und $16^{m}1$ zeigt. Von 4 in Sonneberg entdeckten Sternen, nämlich S 5393, S 5397, S 5400 und S 5401 liegt inzwischen die Bestätigung der Veränderlichkeit durch G. A. PONOMAREVA (MANOVA) vor [28].

Außerdem wurde von 43 größtenteils bekannten Veränderlichen der Lichtwechsel auf den Sonneberger Platten bestätigt. Nur 5 Sterne zeigen auf den vorliegenden Aufnahmen keine Helligkeitsänderungen. Sie sind in den nachfolgenden Tabellen und Listen als konstant aufgeführt. Von den restlichen 19 von insgesamt 122 Sternen sind auf den Platten 15 nur schwach oder überhaupt nicht sichtbar. Von 4 H_α-Objekten wurde die Umgebung nicht aufgefunden.

Einschließlich der außerhalb der Sonneberger Felder liegenden Objekte sind von 146 H_α-Sternen bis jetzt 114 als Veränderliche bekannt. Davon entfallen 53 Veränderliche auf die Taurus-Regionen und 61 auf die Gebiete im nördlichen Orion. Die H_α-Sterne von DOLIDSE sind in dieser Aufstellung nicht mit enthalten.

In Tab. 1 sind alle bis jetzt bekannten veränderlichen Emissionsliniensterne der Gesamtzahl der in den einzelnen Gebieten überhaupt bekannten H_α-Objekte gegenübergestellt. Als konstant wurden nur die Sterne bezeichnet, bei denen der Befund auf Sonneberger Untersuchungen beruht. Da außerhalb der Sonneberger Felder eine systematische Prüfung der Veränderlichkeit der H_α-Objekte fehlt, ist es bei Einbeziehung aller (auch außerhalb der Sonneberger Felder liegenden) H_α-Objekte nicht möglich, Aussagen über die Anzahl der wirklich unveränderlichen Sterne zu machen. Das auf Sonneberger Aufnahmen allein erhaltene Ergebnis hingegen läßt eine bessere Beurteilung zu. Von 103 beobachtbaren H_α-Sternen erwiesen sich 98 als veränderlich. Nur 5 Sterne, das sind etwa 5% aller untersuchbaren Sterne, sind auf den vorliegenden Aufnahmen konstant. Die Anzahl der aus den einzelnen Listen in Sonneberger Feldern liegenden H_α-Objekte und deren Veränderlichkeit ist aus Tab. 2 ersichtlich.

WENZEL, der Sterne mit H_α-Emission in der Umgebung von S Monocerotis (NGC 2264) untersuchte, kam bezüglich der Veränderlichkeit zu ähnlichen Ergebnissen. 90% der von ihm bearbeiteten Sterne sind auf dem zugrunde liegenden Plattenmaterial veränderlich [12].

Der Verdacht liegt nahe, daß alle Emissionsliniensterne dieser Art Veränderliche sind, und es ist anzunehmen, daß die als konstant bezeichneten Sterne in einer Zeit langsamen und geringen Lichtwechsels auf ihre Veränderlichkeit geprüft wurden. Die Erfahrung zeigt, daß der Lichtwechsel einiger Sterne (MH_α-259-19, MH_α-259-8), die von CHOLOPOW und KUROTSCHKIN, aber auch von mir [6], in früheren Beobachtungsabschnitten mit relativ großer Amplitude beobachtet wurden, auf neueren

---

[1]) Die Literatur der Entdeckungsanzeigen ist aus den beigefügten Listen ersichtlich.

Tabelle 1

Die H_α-Sterne im Taurus und Orion und ihre Veränderlichkeit (Gesamtmaterial)

Region	Anzahl der entdeckten H_α-Sterne	bis jetzt eindeutig veränd.	bis jetzt eindeutig konst.	nicht aufgefunden
MH_α-257				
(Joy)	5	5	—	—
(Haro)	4	3	—[1]	—
MH_α-259				
(Joy)	26	25	—	1[2]
(Haro)	36	20	—	2
MH_α-265				
(Joy)	9	8	1	—
(Haro)	29	27	1	—
außerh. MH_α-265				
(Haro)	5	1	3	1
FU Ori				
(Manova)	32	25	—	—

Anmerkungen

[1]) Soweit in dieser Spalte Zahlenangaben fehlen, liegt noch kein eindeutiger Befund über die Veränderlichkeit der restlichen Sterne vor.

[2]) Der Stern MH_α-259-16 wurde auf Sonneberger Platten nicht aufgefunden. Auch Cholopow und Kurotschkin sind nicht sicher, ob ein Stern $16^m_.0$ identisch mit dem von Joy angegebenen Emissionslinienstern ist.

Tabelle 2

Die H_α-Sterne im Taurus und Orion und ihre Veränderlichkeit (Sonneberger Untersuchungen)

Region	Anzahl d. entdeckten H_α-Sterne	davon liegen in Sonneberger Feldern	bis jetzt eindeutig veränd.	bis jetzt eindeutig konst.	zu schwach und unsichtbar	nicht aufgefunden
MH_α-259						
(Joy)	26	19	18	—	—	1[1])
(Haro)	36	28	19	—	7	2[2])
MH_α-265						
(Joy)	9	9	8	1	—	—
(Haro)	29	29	27	1	1	—
außerh. MH_α-265						
(Haro)	6	5	1	3	—	1[3])
FU Ori						
(Manova)	32	32	25	—	7	—

Anmerkungen

[1]) MH_α-259-16 [2]) T-Nr. 23 und T-Nr. 26 [3]) T-Nr. 74

Platten fast völlig zum Stillstand gekommen ist. Auch das umgekehrte Verhalten wurde festgestellt. Auf den von CHOLOPOW als konstant bezeichneten, oben bereits erwähnten Stern MH$_\alpha$-259-24 =S 5339 sei in diesem Zusammenhang noch einmal hingewiesen.

Der von HARO, IRIARTE und CHAVIRA angezeigte Emissionsnebel (T-Nr. 29), bei dem die Linien N_1 und N_2 beobachtet wurden, ist ebenfalls veränderlich. Einzelheiten über die Helligkeitsänderungen sind aus der Beschreibung des Lichtwechsels im nachfolgenden Abschnitt zu entnehmen.

Über die Veränderlichkeit des Objektes T-Nr. 64, von HARO und Mitarbeitern als nebliges Objekt bezeichnet, kann keine Aussage gemacht werden. Auf Sonneberger Platten ist es [$17^m_.0$.

In den nachfolgenden Listen sind alle Emissionsliniensterne der Regionen MH$_\alpha$-257, MH$_\alpha$-259, MH$_\alpha$-265 sowie der Umgebung von FU Orionis zusammengefaßt. Neben der Nummer aus den einzelnen Listen von JOY, HARO und Mitarbeitern und MANOVA sind die vorläufigen Bezeichnungen und endgültigen Benennungen der Sterne aufgeführt, soweit sie bis jetzt als veränderlich bekannt sind. Den genäherten Örtern für 1900.0 liegen die Angaben der Entdecker der H$_\alpha$-Emission zugrunde. Außer den Umrechnungen auf das Äquinoktium 1900.0 wurden keine Abänderungen vorgenommen. Bei den Sternen aus der Liste von JOY wurde auf eine Ortsangabe verzichtet. Die Örter dieser Sterne für 1900.0 sind bereits von CHOLOPOW [5] gegeben. Den Angaben über das Spektrum folgen Eintragungen über die Intensität der H$_\alpha$-Emission nach Schätzungen von HARO und Mitarbeitern und G. A. MANOVA. Dabei bedeutet 1 sehr schwache und zweifelhafte, 5 hingegen sehr starke H$_\alpha$-Emission. Bemerkungen über die Veränderlichkeit und die beobachteten Extremhelligkeiten schließen sich diesen Spalten an. Die Helligkeitsangaben haben sich z. T. gegenüber früher publizierten Werten [6] geändert, da inzwischen neues Beobachtungsmaterial hinzugekommen ist. Soweit die Veränderlichen außerhalb der Sonneberger Felder liegen, stehen überhaupt keine Helligkeitsangaben oder nur die von CHOLOPOW und KUROTSCHKIN zur Verfügung. Wurde auf die Helligkeiten dieser Autoren zurückgegriffen, so ist es in den Listen vermerkt. Sterne mit der Maximalhelligkeit [$16^m_.6$ wurden nur in Ausnahmefällen auf ihre Veränderlichkeit untersucht. Am Schluß der Listen sind noch die Entdecker der Veränderlichen und die Literatur der Entdeckungsanzeigen aufgeführt.

Auf das Zeichnen von Umgebungskarten für die neuen Veränderlichen wurde verzichtet, da die von den Entdeckern der H$_\alpha$-Emissionssterne gegebenen photographischen Kärtchen völlig ausreichend sind. Von den Sternen aus der Liste von JOY liegen außerdem Karten der Umgebung von CHOLOPOW [5] vor.

Die Veränderlichen der nachfolgenden Liste I sind Mitglieder der von CHOLOPOW [13] ermittelten T-Assoziationen im Taurus und Orion. Durch die Entdeckung neuer H$_\alpha$-Sterne und deren Veränderlichkeit in den Regionen MH$_\alpha$-259 und MH$_\alpha$-265 werden besonders die Assoziationen Taurus T1 und T3 sowie Orion T1 und T4 erweitert. Die Sterne wurden wie folgt den einzelnen Gruppen zugeordnet:

Taurus T1: S 5325, S 5326, S 5327, S 5328

Taurus T3: S 5329, S 5330, S 5331, S 5332, S 5333, T-Nr. 12, S 5334, S 5335, S 5336, S 5337, S 5338, S 5339

Orion T1: S 5308, S 5309, S 5310, S 5311, S 5312, S 5313, S 5314, S 5315, S 5316, S 5317, S 3921, S 5318, S 5319, S 5320, S 3922, S 5321, S 5322, S 5323, S 5324, S 5385 ?, S 5386, S 5387, S 5390 ?

Orion T4: S 5388, S 5389, S 3723, S 5391 ?, S 5392, S 3925, S 5393, S 5394, S 5395, S 5396, S 5397, S 5398, S 5399, S 5400, S 5401, S 5402, S 5403, S 5404, S 5405, S 5406

Bei einigen Veränderlichen im Orion, u. a. S 5385, S 5390 und S 5391, ist die Zuordnung nicht sicher, da die Sterne im Übergangsgebiet beider Assoziationen liegen. Die von DOLIDSE entdeckten H_α-Sterne, an deren Veränderlichkeit kaum Zweifel bestehen dürfte, schließen sich an die Assoziation Orion T1 an (s. auch Abb.1).

Es ist allerdings fraglich, ob die Assoziationen Taurus T1 und T3 und auch Orion T1 und T4 wirklich voneinander getrennte Anhäufungen von H_α-Sternen sind. Es entsteht eher der Eindruck (s. Abb. 1), als ob Taurus T1 und T3 und Orion T1 und T4 jeweils eine gemeinsame Gruppe bilden. Die Assoziationen Taurus T1 und T3 haben ohnehin den gleichen Entfernungsmodul [13]. In den Orion-Assoziationen T1 und T4 dürften die gleichen Verhältnisse anzutreffen sein, zumal die Mittelwerte der scheinbaren Helligkeiten dieser Sterne gleich sind.

Zweifelhaft ist die Zugehörigkeit des Veränderlichen BP Tauri zur Taurus-Gruppe. Seine mittlere Helligkeit ist bei einem Spektrum dK5e $11^m.9$.

Der Stern GW Orionis, Spektraltypus dK3e, hat eine mittlere scheinbare Helligkeit von $10^m.8$. Er befindet sich mit einer Entfernung von etwa 100 pc vor der Assoziation Orion T1 und gehört demzufolge nicht zu dieser Gruppe, wenn man die Angabe des Spektrums als gesichert annimmt.

Nachfolgend sind die Mittelwerte der scheinbaren Helligkeiten aller auf Sonneberger Platten untersuchten Sterne (unter Einbeziehung aller Spektraltypen) für die einzelnen Assoziationen aufgeführt.

Assoziation	mittlere scheinbare Helligkeit
Taurus T1	$15^m.06$
Taurus T3	14.98
Orion T1	15.08
Orion T4	15.05

Bemerkenswert sind die nahezu gleichen Mittelwerte der einzelnen Assoziationen, obwohl zwischen den Taurussternen und der Orion-Gruppe ein wesentlicher Entfernungsunterschied vorliegt. Diese Erscheinung kann nach WENZEL [12] damit erklärt werden, daß im Orion in der Mehrzahl frühere Sterne als im Taurus erfaßt werden. Die mittlere scheinbare Helligkeit wird dadurch bei den Orion-Assoziationen heraufgesetzt. Im Taurusgebiet hingegen wird auf Grund der kleineren Entfernung ein größerer Anteil späterer Sterne beobachtet.

Liste I

H_α-Sterne im Taurus und Orion und ihre Veränderlichkeit

Folgende Abkürzungen wurden benutzt:

J-Nr. = Nummer aus der Liste von JOY
T-Nr. = Nummer aus der Liste von HARO, IRIARTE und CHAVIRA
M-Nr. = Nummer aus der Liste von G. A. MANOVA

var = veränderlich
const = konstant
unb = unbekannt

Ch = CHAVIRA
Cho = CHOLOPOW
G = GÖTZ
Ha = HARO
Hi = HIMPEL
Ho = HOFFLEIT
H = HOFFMEISTER
I = IRIARTE

K = KUROTSCHKIN
L-B = LEHMAN-BALANOVSKAJA
Mo = MORGENROTH
Re = REINMUTH
R = ROSS
W = WENZEL
Z = ZESSEWITSCH

a) Region MH_α-257

1. Sterne aus der Liste von JOY

J-Nr. MH_α-257	vorläufige Bezeichnung	endgültige Benennung	Spektrum	Bemerkung	Helligkeit[1] Max.	Helligkeit[1] Min.	Entdecker	Entdeckungsanzeige
3	SVS 1080		—	var?	12^{m}v	[$16^{m}.5$	Cho, K	VS 8, 2 1951
2	SVS 1081		dK6e	var	13.4	14.0	Cho, K	VS 8, 2 1951
6	SVS 1083	DM Tau	dK5e	var	14.5	15.2	Cho, K	VS 8, 2 1951
7	Ross 143	DQ Tau	dMOe	var	14.0	15.0	R	AJ 861, 1926
8	SVS 1088	DR Tau	dK5e	var	13.4	14.7	Cho, K	VS 8, 2 1951

2. Sterne aus der Liste von HARO, IRIARTE und CHAVIRA

T-Nr.	vorläufige Bezeichnung	endgültige Benennung	Ort 1900.0	Spektrum	Intensität d. H_α-Emission I_H	Bemerkung	Entdecker	Entdeckungsanzeige
14			$4^h25^m.9$ +17°54′		5			
15			26.0 +17 54		5	var	Ha, I, Ch	Tonantz. Bol. 8 1953
24			28.0 +17 46		5	var	Ha, I, Ch	Tonantz. Bol. 8 1953
37			41.5 +16 49		5	var	Ha, I. Ch	Tonantz. Bol. 8 1953

1) Die aufgeführten Sterne der Region MH_α-257 liegen außerhalb der Sonneberger Felder. Die Helligkeiten dieser Sterne wurden von CHOLOPOW und KUROTSCHKIN übernommen.

b) Region MH_α-259 und Umgebung

1. Sterne aus der Liste von Joy

J-Nr. MH_α-259	vorläufige Bezeichnung	endgültige Benennung	Spektrum	Bemerkung	Helligkeit Max.	Helligkeit Min.	Entdecker	Entdeckungsanzeige
3	SVS 688	CW Tau	dK5e	var	$13^m.9$	$15^m.1$	L-B	NNVS 49.9 Pulk. Circ. 16
4	SVS 1074		—	var	15.4	16.9	Cho, K	VS 8, 2 1951
23	SVS 1073		dM2.5e	var	15.0	15.6	Cho, K	VS 8, 2 1951
22	SVS 1072	CX Tau	dM1.5e	var	14.6	15.5	Cho, K	VS 8, 2 1951
5	SVS 1075	CY Tau	dM2e	var	13.5	15.4	Cho, K	VS 8, 2 1951
6 s	216.1943	DD Tau	dK6e	var	14.1	15.5	Hi	BZ 25. 119
6 n	217.1943	CZ Tau	dM2e	var	15.7	17.5	Hi	BZ 25. 119
7	SVS 691	BP Tau	dK5e	var	10.7	13.0	L-B	NNVS 49.9 Pulk. Circ. 16
8	SVS 1076	DE Tau	dM1e	var	13.9	14.6	Cho, K	VS 8, 2 1951
11	SVS 1077	DF Tau	dMoe	var	10.7	13.4	Cho, K	VS 8, 2 1951
10	SVS 1078	DG Tau	Ge	var	11.7	13.7	Cho, K	VS 8, 2 1951
9npr		DH Tau	dMoe	var	13.4	14.8	L-B	NNVS 49.9
	SVS 693							Pulk. Circ. 16
9 sf		DI Tau	dMo.5e	var	13.6	15.2	L-B	NNVS 49.9 Pulk. Circ. 16
12	SVS 1079	DK Tau	dMoe	var	13.2	14.8	Cho, K	VS 8, 2 1951
16				unb	16.0:::[1])			
13	SVS 1082	DL Tau	Ge	var	13.6	14.7	Cho, K	VS 8, 2 1951
20	119.1925	CI Tau	Ge	var	14.4	15.2*)	Z	AN 5426.1926
17	196.1930	AA Tau	dMoe	var	13.7	15.4*)	Re	AN 238.333
18	SVS 1084	DN Tau	dK6e	var	13.2	13.9*)	Cho, K	VS 8,2 1951
14	SVS 1085			var ?	12.2	12.5*)	Cho, K	VS 8,2 1951
15	SVS 1086	DO Tau	Ge	var	13.4	15.4	Cho, K	VS 8, 2 1951
19	SVS 1087	DP Tau	dMoe	var	14.3	14.8	Cho, K	VS 8, 2 1951
24	S 5339		dK5e	var	14.4	16.1	G	MVS 362, 1958
2	HV 6859	DS Tau	dK4e	var	12.1	13.6*)	Ho	HB 901
1	SVS 1089	GM Aur	dK5e	var	13.1	13.9*)	Cho, K	VS 8, 2 1951
21	SVS 1090		B3e	var ?	12.9	13.3*)	Cho, K	VS 8, 2 1951

*) Die Helligkeiten wurden von Cholopow und Kurotschkin übernommen.

[1]) Siehe Anmerkung Tabelle 1 [2]).

2. Sterne aus der Liste von HARO, IRIARTE und CHAVIRA

T-Nr.	vorläufige Bezeichnung	endgültige Benennung	Ort 1900.0	Spektrum	Intensität d. H_α-Emission I_H	Bemerkung	Helligkeit Max.	Helligkeit Min.	Entdecker	Entdeckungsanzeige
1	S 5325		$4^h\ 8^m.3$ +27°57′		4	var	$14^m.2$	$15^m.2$	G	MVS 361, 1958
2	S 5326		8.3 +28 14		4	var	14.8	16.3	G	MVS 361, 1958
3	S 5327		13.0 +28 13		3	var	15.9	17.2	G	MVS 361, 1958
4	S 5328		13.8 +28 11		4	var	16.3	17.7	G	MVS 361, 1958
5			16.1 +26 43		3	var	14.1	16.1	Ha, I, Ch	Tonantz. Bol. 8, 1953
6	S 5329		18.1 +24 43		5	var	14.1	15.4	G	MVS 361, 1958
7	S 5330		18.5 +24 53		5	var	15.1	[17.6	G	MVS 361, 1958
8	S 5331		20.6 +25 51		3	var	16.4	[17.6	G	MVS 361, 1958
9	S 5332		23.2 +25 56		2	var	16.4	17.6	G	MVS 361, 1958
10			23.4 +24 21		5	unb	[17.7			
11	S 5333		24.3 +24 13		2	var	14.4	15.2	G	MVS 361, 1958
12			25.5 +24 12		5	var?	15.9:	16.5	G	MVS 361, 1958
13			25.9 +24 18		4	unb	[17.6			
16			26.2 +24 05		3	unb	[17.7			
17	S 5334		26.2 +24 08		5	var	16.9	[17.7	G	MVS 361, 1958
18	S 5335		26.3 +24 08		5	var	15.8	16.6	G	MVS 361, 1958
19			26.4 +24 09		5	unb				
20	S 5336		27.0 +23 57		2	var	13.8	14.6	G	MVS 361, 1958
21			27.3 +24 10		3	var	13.9	16.4	W	NblAZ 8, 1957
22			27.3 +24 09		2	var	13.6	15.2	W	NblAZ 8,1957
23			27.9 +25 54[1])		4	unb				
25	119.1925	CI Tau	28.1 +22 39	Ge	5	var	14.4[3])	15.2[3])	Z	AN 5426,1926
26			28.3 +25 59[1])		3	unb				
27			29.3 +22 20		5					
28			30.1 +22 42		4					
29	S 5337		31.6 +24 52	N_1, N_2 [2])	5	var	15.7	17.5	G	MVS 361, 1958
30	S 5338		31.9 +25 56		5	var	16.3	[17.7	G	MVS 361, 1958
31			33.2 +25 35		5	var	15.1	16.5	Ha, I, Ch	Tonantz. Bol. 8 1953
32			35.1 +25 46		2	unb	[17.7			
33			35.7 +25 48		4	unb	[17.5			
34			36.2 +29 19		3					
35			36.8 +25 10		4	unb	[18.0			
36			37.0 +29 34		3					
38			46.0 +30 37		5					
39			46.1 +30 28		4					
40			54.1 +29 54		5					
41			5 12.3 +30 04		4					

[1]) Die Sterne T-Nr. 23 und T-Nr. 26 wurden nicht aufgefunden. Einer der Örter ist falsch.

[2]) Nebeliges Objekt in Emission, N_1, N_2 vorhanden.

[3]) Die Helligkeiten wurden von CHOLOPOW und KUROTSCHKIN übernommen.

c) Region MH_α-265 und Umgebung

1. Sterne aus der Liste von Joy

J-Nr. MH_α-265	vorläufige Bezeichnung	endgültige Benennung	Spektrum	Intensität der H_α-Emission I_M	Bemerkung	Helligkeit Max.	Helligkeit Min.	Entdecker	Entdeckungsanzeige
2	SVS 1091	GW Ori	dK3e	5	var	$10^m.1$	$11^m.5$	Cho, K	VS 8, 2 1951
3			dK3e	4	const	12.9			
5	SVS 1092		dMoe	5	var	16.1	16.8	Cho, K	VS 8, 2 1951
6	SVS 1093	GX Ori	dK3e	4	var	14.0	15.3	Cho, K	VS 8, 2 1951
7	S 3718	GY Ori		3	var	13.4	15.5	H	Erg. AN 12,1
9	SVS 1094		dK4e	2	var	14.3	15.3	Cho, K	VS 8, 2 1951
16	S 3919	HI Ori	dKoe	5	var	13.9	15.3	H	Erg. AN 12,1
13	43.1939	HK Ori	A4ep	4	var	11.1	13.3	Mo, H	AN 268,276, Erg. AN 12,1
12	SVS 1095		B9e	4	var	8.5	9.5	Cho, K	VS 8, 2 1951

2. Sterne aus der Liste von HARO, IRIARTE und CHAVIRA

T-Nr.	vorläufige Bezeichnung	endgültige Benennung	Ort 1900.0	Spektrum	Intensität d. H_α-Emission I_H	I_M	Bemerkung	Helligkeit Max.	Min.	Entdecker	Entdeckungsanzeige
42			$5^h20^m.5$ +11°17′		4—2	4	var	$14^m.3$	$15^m.7$	Ha, I, Ch	Tonantz. Bol. 8 1953
43			21.0 +11 31		4	3	var	14.1	16.1	Ha, I, Ch	Tonantz. Bol. 8 1953
44	Ross 188	CO Ori	22.0 +11 20	dKO, gF3,gGe	4	4	var	10.3	[13.0	R	AJ 882
45	S 5308		22.1 +11 18		3	0	var	15.0	16.1	G	MVS 359, 1958
46	S 5309		22.8 +11 53		4	4	var	14.6	[16.0	G	MVS 359, 1958
47	S 5310		23.4 +11 17		2	0	var	15.1	16.2	G	MVS 359, 1958
48			24.3 +12 11		4	4:	var	15.5	[17.1	Ha, I, Ch	Tonantz. Bol. 8 1953
49	S 3717	V 370 Ori	24.4 +12 10		3		var	13.7	16.1	H	Erg. AN 12, 1
50			24.4 +12 10		3		var	16.0	[17.0	Ha, I, Ch	Tonantz. Bol. 8 1953
51	S 5311		24.9 +12 02		4		var	15.4	17.6	G	MVS 359, 1958
52	S 5312		25.0 +12 30		4	0	var	15.8	[17.0	G	MVS 359, 1958
53	S 5313		25.1 +12 33		4	4	var	14.0	15.9	G	MVS 359, 1958
54			26.0 +12 08		4	2	var	16.1	[16.8	Ha, I, Ch	Tonantz. Bol. 8 1953
55	S 5314		26.2 +12 26		4	3	var	14.0	15.1	G	MVS 359 1958
56	S 5315		26.3 +12 28		3	0	var	14.8	16.0	G	MVS 359, 1958
57	S 5316		26.6 +12 20		4	4	var	14.0	15.3	G	MVS 359, 1958
58			26.8 + 9 39		3	1	const	16.4			
59	S 5317		26.8 +12 41		3		var	15.6	16.4	G	MVS 359, 1958
60			26.8 + 9 29		2	2	const	14.5			
61	S 3921		26.8 +12 05		2		var	14.8	[16.7	H	Erg. AN 12,1
62			26.8 +12 20		4		const ?	17.3			
63	S 5318		26.9 +12 21		4	4	var	14.3	15.5	G	MVS 359, 1958
64			26.9 +12 51		5		unb	[17.0			
65			26.9 +12 33		4—2	3	var	14.6	[17.0	Ha, I, Ch	Tonantz. Bol. 8 1953
66	S 5319		26.9 +10 42		3	0	var	15.6	[16.6	G	MVS 359, 1958
67	S 5320		27.1 +12 22		3	2	var	14.0	15.3	G	MVS 359, 1958
68	S 3922		27.2 +12 17		2	2	var	15.5	16.5	H	Erg. AN 12, 1
69	S 5321		27.7 +11 42		3	3	var	14.8	15.8	G	MVS 359, 1958
70			27.7 +11 33		5	5	var	14.6	[16.2	Ha, I, Ch	Tonantz. Bol. 8 1953
71	S 5322		28.5 +12 21		4		var	15.7	16.8	G	MVS 359, 1958
72	S 5323		30.0 +10 05		3	0	var	14.7	16.4	G	MVS 359, 1958
73	S 5324		30.0 +11 05		2	1:	var	15.8	16.6	G	MVS 359, 1958
74			33.9 + 9 12		4	5	unb				
75			35.3 +12 15		5		const	14.8			

d) Umgebung von FU Orionis

Sterne aus der Liste von MANOVA

M-Nr.	vorläufige Bezeichnung	endgültige Benennung	Ort 1900.0	Spektrum	Intensität d. H_α-Emission I_M	Bemerkung	Helligkeit Max.	Helligkeit Min.	Entdecker	Entdeckungsanzeige
1	S 5385		$5^h25^m.5$ + 8°36′		2	var	$13^m.8$	$15^m.1$	G	MVS 415,1959
2			26.7 +10 22		3	unb	[16.6			
3	S 5386		29.5 +10 23		2	var	14.5	15.8	G	MVS 415,1959
4	S 5387		29.6 +10 33		1	var	14.2	15.4	G	MVS 415,1959
5	S 5388		30.9 + 9 00		3	var	15.3	16.8	G	MVS 415,1959
6	S 5389		33.9 + 8 39		3	var	15.0	16.7	G	MVS 415,1959
7	S 5390		34.1 +10 58		2	var	14.5	15.3	G	MVS 415,1959
8			34.5 + 8 05		2	unb	[17.0			
9			35.2 + 9 22		4	unb	[17.5			
10			35.4 + 8 49		2	unb	[17.0			
11	S 3723		36.0 + 9 04		2	var	14.4	15.8	H	Erg. AN 12, 1
12	S 5391		36.0 +11 28		2	var	12.4	14.2	G	MVS 415, 1959
13	S 5392		36.1 + 9 05		4	var	14.6	15.9	G	MVS 415, 1959
14	S 3925		36.7 + 8 41		4	var	13.8	[16.0	H	Erg. AN 12, 1
15			37.4 + 9 07		5	unb	[16.7			
16	S 5393		37.8 + 9 03		2	var	13.6	16.0	G	MVS 415, 1959
17	S 5394		37.9 + 9 05		3	var	15.5	16.5	G	MVS 415, 1959
18	S 5395		38.2 + 9 05		3	var	14.2	15.4	G	MVS 415, 1959
19	S 5396		38.4 + 9 14		3	var	15.1	15.8	G	MVS 415, 1959
20	S 5397		38.6 + 9 04		5	var	14.8	16.1	G	MVS 415, 1959
21	S 3928	QR Ori	38.6 + 9 07		4	var	13.3	16.3	H	Erg. AN 12, 1
22	S 5398		38.7 + 9 08		4	var	14.3	15.8	G	MVS 415, 1959
23			38.8 + 9 09		2	unb	[17.0			
24	S 5399		39.1 + 8 54		2	var	14.3	15.6	G	MVS 415, 1959
25	S 5400		39.2 + 9 21		3	var	14.6	17.0	G	MVS 415, 1959
26	S 5401		40.2 +10 00		2	var	14.6	16.6	G	MVS 415, 1959
27	S 5402		41.2 + 8 38		2	var	13.6	14.6	G	MVS 415, 1959
28	S 5403		42.2 + 8 31		4	var	15.6	16.2	G	MVS 415, 1959
29	S 5404		42.3 + 8 31		1	var	15.0	15.9	G	MVS 415, 1959
30			42.5 + 9 52		2	unb	[17.5			
31	S 5405		42.6 + 9 52		pec.	var	14.0	15.6	G	MVS 415, 1959
32	S 5406		42.9 + 8 21		3	var	12.7	14.0	G	MVS 415, 1959

Anmerkung:

G. A. PONOMAREVA (MANOVA) gibt von 4 Veränderlichen dieser Liste folgende Helligkeiten (28): S 5393 $13^m.6$—$14^m.9$, S 5397 $15^m.7$—$17^m.3$, S 5400 $15^m.1$—$17^m.3$, S 5401 $15^m.1$—$16^m.5$.

Der Lichtwechsel der H_α-Sterne

Für die Untersuchung des Lichtwechsels der in Sonneberg erreichbaren Veränderlichen stand das in Tab. 3 aufgeführte Plattenmaterial zur Verfügung.

Tabelle 3

Beobachtungsmaterial für den Lichtwechsel

Feld	Anzahl d. Platten	davon entfallen auf 17 cm Triplet	40 cm Astrogr.	50/70/172 cm Schmidtk.	Zeitabschnitt von 243...	bis 243...	Plattensorte
χ Tauri	18[1])	—	—	18	4718	6199	AA, AS
φ Tauri	47[1])	—	—	47	5051	6200	AA, AS
$4^h32^m + 25^\circ\!.5$	25[1])	—	—	25	5165	6249	AA, AS
φ_2 Ori I	237[2]) }	191 }	27	19			AA, AS,
FU Ori	231 }			13	0259	6841	KU, M

Abkürzungen: AA = Agfa-Astro(blau)-Platte
AS = Agfa-Astro-Spezial-Platte
KU = Kranz-Ultra-Platte
M = Matter-Platte

Bemerkungen: [1]) Außerdem Aufnahmen eines 140 mm-Tessars (1:5) und der Himmelsüberwachung.
[2]) Außerdem Platten der Himmelsüberwachung.

Während die Orionfelder hinreichend mit Aufnahmen besetzt sind, liegt für die Taurusgebiete nur mangelhaftes Beobachtungsmaterial vor. Besonders betroffen sind die Felder χ Tauri und $4^h32^m + 25^\circ\!.5$. Der Grund für die ungenügende Dichte dieser Beobachtungsreihen ist, wie bereits anfangs schon einmal erwähnt, in den schlechten Witterungsverhältnissen der letzten Jahre zu suchen.

Es muß aber darauf hingewiesen werden, daß neben den Blau-Aufnahmen auch eine Beobachtungsreihe im panchromatischen Bereich aufgenommen wurde, deren Plattenzahl in Tab. 3 nicht enthalten ist. Außerdem wird das Feld χ Tauri fast zur Hälfte vom Feld φ Tauri überdeckt, so daß für einen Teil der Sterne die Platten beider Felder benutzt werden konnten. Für die helleren Sterne standen dann noch die Platten eines 140 mm-Tessars (1:5) und Himmelsüberwachungsaufnahmen zur Verfügung.

Bei der Angabe des beobachteten Zeitabschnittes in Tab. 3 wurden alle Einzelbeobachtungen berücksichtigt, so daß sich das ohnehin geringe Plattenmaterial auf eine relativ große Zeitspanne zu verteilen scheint. In Wirklichkeit häufen sich die Beobachtungen in Abschnitten von 60^d bis 150^d. Soweit es die Witterungsbedingungen erlaubten, wurden Reihenaufnahmen gewonnen, um kurzzeitige Helligkeitsänderungen der H_α-Sterne zu erfassen. Um ausführliche Aussagen über den Lichtwechsel eines jeden einzelnen der bearbeiteten Sterne machen zu können, wären erfahrungsgemäß sehr dichte, mehrere Jahre überdeckende Beobachtungsreihen notwendig. Beobachtungsabschnitte mit Reihenaufnahmen dürften auch hier nicht fehlen.

Die Helligkeitsskala meiner Vergleichsterne stimmt mit der von Cholopow überein, so daß die Beobachtungen aufeinander bezogen werden können.

Trotz mancher Mängel läßt das vorliegende Beobachtungsmaterial im ungünstigsten Fall immer noch Beurteilungen über die Veränderlichkeit und die Art der Helligkeitsänderungen zu.

Bei der Vielzahl der Erscheinungsformen des Lichtwechsels der beobachteten H_α-Sterne lassen sich doch nachfolgende allgemeine Merkmale ableiten:

Abschnitte größter Ruhe oder geringen Lichtwechsels werden neben solchen großer Aktivität beobachtet. Die Sterne bevorzugen z. T. Ruhelagen, von denen aus die Helligkeitsschwankungen erfolgen. Auf Reihenaufnahmen lassen sich bei einem Teil der Veränderlichen recht lebhafte Helligkeitsänderungen von $0\overset{m}{.}5$ bis $1\overset{m}{.}5$ in $0\overset{d}{.}03$ bis $0\overset{d}{.}05$ feststellen. Die mittlere Amplitude aller untersuchten Sterne beträgt $1\overset{m}{.}4$.

Diese allgemeinen Merkmale des Lichtwechsels stimmen mit denen für RW-Aurigae-Sterne und ihre Nebenformen, wie sie Hoffmeister [14] angibt, überein. Auf eine nochmalige Angabe der Art der Veränderlichen wurde bei der Beschreibung des Lichtwechsels der einzelnen Sterne verzichtet.

Die bemerkenswerte Beziehung zwischen der Schnelligkeit der Helligkeitsänderungen und der Intensität der H_α-Emission, auf die bereits Wenzel [15] aufmerksam gemacht hat, ist auch im vorliegenden Beobachtungsmaterial angedeutet. Im Mittel zeigen die Sterne, bei denen sehr rascher, in Stunden ablaufender Lichtwechsel beobachtet wurde, geringere H_α-Intensität als die Veränderlichen, bei denen die Helligkeitsschwankungen innerhalb weniger Tage erfolgen. Sterne mit ausgesprochenem langsamem Lichtwechsel bevorzugen hingegen wieder relativ schwache H_α-Intensitäten.

Der Beurteilung des Lichtwechsels lagen bei dieser Untersuchung folgende Gesichtspunkte zugrunde:

1. Lebhafter Lichtwechsel beobachtet
   I mit sehr raschen Helligkeitsänderungen innerhalb von Stunden
   II mit merklichen Helligkeitsänderungen innerhalb weniger Tage
2. Langsamer Lichtwechsel beobachtet
   I mit zeitweilig raschen, z. T. überlagerten Schwankungen
   II ohne nennenswerte rasche Änderungen

Die Sterne der Gruppen 1. II und 2. I sind nicht mit Sicherheit voneinander zu trennen. Es ist sogar anzunehmen, daß diese Veränderlichen eine gemeinsame Gruppe bilden, wenn nur die Charakteristika des Lichtwechsels für große Beobachtungsabschnitte vorliegen. Die obigen Kriterien würden sich dann der Klassifikation von Wenzel angleichen. Es ist außerdem auch anzunehmen, daß einige Sterne mit raschem, in Tagen ablaufendem Lichtwechsel in die Gruppe 1. I gehören, da nur zufällig auf Reihenaufnahmen keine Änderungen innerhalb von Stunden beobachtet wurden. Der Gruppe 2. II gehören relativ wenige Sterne an, so daß über das Verhältnis des Lichtwechsels dieser Veränderlichen zur H_α-Intensität noch keine sichere Aussage möglich ist. Die Neigung zu schwachen H_α-Intensitäten ist jedoch bei diesen Sternen, soweit sie sicher klassifiziert werden konnten, offensichtlich.

In der nachfolgenden Liste ist der Ablauf des Lichtwechsels nach den oben angeführten Kriterien eingetragen und den H_α-Intensitäten gegenübergestellt. Da von den Taurus-Sternen aus der Liste von Joy die Stärke der H_α-Emission nicht bekannt ist, wurde der Lichtwechsel mit den Emissionen CaII (H, K) und $H\delta$ verglichen. Für jeden Abschnitt der Liste sind die Mittelwerte jeder Gruppe zusammengefaßt. Sie lassen mit Ausnahme der Orion-Sterne aus der Liste von Joy die oben angeführet

Beziehung besonders zwischen den Gruppen 1. I und 1. II erkennen. Die geringe Zahl der JOY-Sterne aus der Region MH$_\alpha$-265, vielleicht auch einige durch lückenhaftes Beobachtungsmaterial hervorgerufene Fehlklassifikationen, lassen die Abweichung bei diesen Veränderlichen erklären. Die Zuordnung der mit Doppelpunkten versehenen Sterne ist sehr unsicher. Meist liegt für diese Sterne nur ungenügendes Plattenmaterial vor, so daß Beurteilungen über sie mit nur geringem Gewicht für statistische Untersuchungen herangezogen werden können. Am Schluß der Liste sind in Tab. 4 die Mittelwerte aller untersuchten Sterne im Taurus und Orion zusammengefaßt, wobei die in Klammern gesetzten Werte unter Weglassung der unsicher klassifizierten Veränderlichen erhalten wurden. In der Tabelle ist auch das Ergebnis nach der Klassifikation von WENZEL, also durch Zusammenlegung der Gruppen 1. II und 2. I aufgeführt.

Liste II

Der Ablauf des Lichtwechsels und seine Beziehung zur H$_\alpha$-Intensität

1. Region MH$_\alpha$-259 (Taurus)

Sterne aus der Liste von JOY

1. Lebhafter Lichtwechsel						2. Langsamer Lichtwechsel					
I			II			I			II		
Stern	Ca II (H, K)	H$_\delta$	Stern	Ca II (H, K)	H$_\delta$	Stern	Ca II (H, K)	H$_\delta$	Stern	Ca II (H, K)	H$_\delta$
CW Tau	25	6	BP Tau	50	35	DI Tau	15	1	SVS 1073	20	0
SVS 1074	—	—	DF Tau	40	50	DP Tau	30	30	CX Tau	15	40
CY Tau	10	20	DG Tau	50	20				DE Tau	50	25
DD Tau	25	40	DK Tau	10	30						
CZ Tau	20	1	DL Tau	50	30						
DH Tau	20	40									
DO Tau	50	35									
S 5339	20	40									
Mittel	24,3	26		40	33		22,5	15,5		28,3	21,6

Sterne aus der Liste von HARO, IRIARTE und CHAVIRA

1. Lebhafter Lichtwechsel				2. Langsamer Lichtwechsel			
I		II		I		II	
Stern	H$_\alpha$	Stern	H$_\alpha$	Stern	H$_\alpha$	Stern	H$_\alpha$
S 5326	4	T-Nr. 5	3	S 5325	4	S 5336	2
S 5327	3	S 5332	2	S 5329	5		
S 5328	4	S 5334	5	T-Nr. 12	5		
S 5330	5	S 5335	5	T-Nr. 22	2		
S 5331	3	T-Nr. 21	3				
S 5333	2	S 5337	5				
		T-Nr. 31	5				
Mittel	3.5		4		4		2

2. Region MH_α-265

Sterne aus der Liste von Joy

1. Lebhafter Lichtwechsel				2. Langsamer Lichtwechsel			
I		II		I		II	
Stern	H_α	Stern	H_α	Stern	H_α	Stern	H_α
GY Ori	3	GW Ori	5	GX Ori	4		
HI Ori	5	SVS 1094	2				
HK Ori	4	SVS 1095	4				
Mittel	4		3.6		4		

Sterne aus der Liste von Haro, Iriarte und Chavira

1. Lebhafter Lichtwechsel				2. Langsamer Lichtwechsel			
I		II		I		II	
Stern	H_α	Stern	H_α	Stern	H_α	Stern	H_α
T-Nr. 42	3	T-Nr. 48	4	T-Nr. 43	4	S 5320	3
CO Ori	4	S 5312::	4	S 5318:	4	S 3922	2
S 5308	3	S 5316	4			S 5322	3
S 5309	4	S 5317	3			S 5324	2
V 370 Ori	3	T-Nr. 65	3				
S 5311	4	S 5319::	3				
S 5313	4	T-Nr. 70	5				
S 5314	4	S 5323	3				
S 5315	3						
S 3921:	2						
S 5321	3						
Mittel	3.4		3.6 (3.8)		4		2.5

3. Umgebung von FU Orionis

Sterne aus der Liste von Manova

1. Lebhafter Lichtwechsel				2. Langsamer Lichtwechsel			
I		II		I		II	
Stern	H_α	Stern	H_α	Stern	H_α	Stern	H_α
S 5386	2	S 5385	2	S 5390	2	S 5396::	3
S 5387	1	S 5388	3	S 3723	2	S 5398:	4
S 5391	2	S 5389	3	S 5392	4		
S 5395	3	S 3925	4	S 5394	3		
QR Ori	4	S 5393	2	S 5400	3		
S 5399	2	S 5397	5	S 5402	2		
		S 5401	2	S 5403	3		
Mittel	2.3		3		2.7		3.5

Tabelle 4

Zusammenfassung der Mittelwerte aller untersuchten Sterne im Taurus und Orion

Region	1. Lebhafter Lichtwechsel				2. Langsamer Lichtwechsel			
	I		II		I		II	
	ΣH_α	n	ΣH_α	n	ΣH_α	n	ΣH_α	n
MH_α-259 (HARO)	21	6	28	7	16 (11)	4 (3)	2	1
MH_α-265 (JOY)	12	3	11	3	4	1		
(HARO)	37	11	29 (19)	8 (5)	8	2	10	4
FU Orionis (MANOVA)	14	6	21	7	19	7	7 (0)	2 (0)
Mittel der H_α-Intens.	3.2		3.6 (3.6)		3.4 (3.2)		2.7 (2.4)	
Mittel der H_α-Intens. nach der Klassifik. von WENZEL	3.2		3.5 (3.5)				2.7 (2.4)	

Der Ablauf der Helligkeitsänderungen wurde nach der nachfolgenden Beschreibung des Lichtwechsels für die einzelnen auf Sonneberger Platten untersuchten Veränderlichen klassifiziert.

Beschreibung des Lichtwechsels

1. Sterne der Region MH_α-259

Veränderliche aus der Liste von JOY

CW Tau = SVS 688 $13^{m}.9$—$15^{m}.1$

Der Lichtwechsel des Sterns ist völlig regellos. Helligkeitsänderungen von $1^{m}.0$ innerhalb weniger Tage sind keine Seltenheit. Die kürzeste Helligkeitsschwankung ist eine Schwächung um $0^{m}.9$ innerhalb 1^{d} (243 5731.586—243 5732.563). Auf Reihenaufnahmen verhält sich der Stern ruhig. CHOLOPOW und KUROTSCHKIN beobachteten bei dem Stern den Lichtwechsel in den Grenzen $13^{m}.6$—[$15^{m}.6$. Die Amplitude ist also größer als auf den Sonneberger Aufnahmen.

SVS 1074 $15^{m}.4$—$16^{m}.9$

Der Stern wurde von CHOLOPOW und KUROTSCHKIN als veränderlich? mit einer Amplitude von $0^{m}.6$ ($16^{m}.5$—$17^{m}.1$) angezeigt. Auf Sonneberger Platten wird die Veränderlichkeit bestätigt. Der Lichtwechsel ist unregelmäßig. Rasche Helligkeitsänderungen kommen vor. So wurde bei 243 5057 eine Schwächung um $1\overset{m}{.}4$ ($15\overset{m}{.}4$ bis $16\overset{m}{.}8$) innerhalb $0\overset{d}{.}141$ und bei 243 5136 eine Erhellung um $0\overset{m}{.}6$ ($16\overset{m}{.}1$—$15\overset{m}{.}5$) in $0\overset{d}{.}035$ festgestellt. Auf den übrigen Reihenaufnahmen sind allerdings keine merklichen Änderungen zu verzeichnen.

SVS 1073 $15\overset{m}{.}0$—$15\overset{m}{.}6$

Auf Platten aus der Zeit von 243 4718 bis 243 4780 verhält sich der Stern ruhig. Alle Beobachtungen liegen zwischen $15\overset{m}{.}4$ und $15\overset{m}{.}6$. Auch Cholopow und Kurotschkin fanden auf 30 Aufnahmen zwischen 241 7585 und 243 3547 nur eine Amplitude von $0\overset{m}{.}3$. Sie zeigten deshalb den Stern als veränderlich ? an. Auf neueren Aufnahmen des Feldes φ Tauri hingegen wurde eine Amplitude von $0\overset{m}{.}6$ festgestellt. Der Lichtwechsel ist unregelmäßig. Rasche Helligkeitsänderungen kommen nicht vor. Auf Reihenaufnahmen behält der Veränderliche die gleiche Helligkeit bei.

CX Tau = SVS 1072 $14\overset{m}{.}6$—$15\overset{m}{.}5$

Auf den zur Verfügung stehenden Aufnahmen verläuft der Lichtwechsel unregelmäßig. Auf Reihenaufnahmen wurden keine nennenswerten raschen Helligkeitsänderungen bemerkt. Die Beobachtungen von Cholopow und Kurotschkin lassen ebenfalls auf unregelmäßigen langsamen Lichtwechsel schließen. Die Amplitude beträgt auf Sonneberger Aufnahmen meistens $0\overset{m}{.}8$.

CY Tau = SVS 1075 $13\overset{m}{.}5$—$15\overset{m}{.}4$

Der Veränderliche zeigt sehr lebhaften unregelmäßigen Lichtwechsel. Helligkeitsänderungen von $1\overset{m}{.}0$ bis $1\overset{m}{.}5$ innerhalb mehrerer Tage sind keine Seltenheit. Bei 243 5135 und bei 243 5136 wurde dieses Intervall in einem Tag durchlaufen ($13\overset{m}{.}5$ bis $15\overset{m}{.}0$, $15\overset{m}{.}0$—$13\overset{m}{.}8$). Auch auf Reihenaufnahmen konnte rascher Lichtwechsel beobachtet werden. Bemerkenswert ist hier ein Helligkeitsabfall von $0\overset{m}{.}7$ ($13\overset{m}{.}8$ bis $14\overset{m}{.}5$) innerhalb $0\overset{d}{.}035$.

DD Tau = 216.1943 $14\overset{m}{.}1$—$15\overset{m}{.}5$

Der Stern verhält sich auf den Reihenaufnahmen des Feldes φ Tauri recht lebhaft. Helligkeitsänderungen von $0\overset{m}{.}4$ innerhalb $0\overset{d}{.}04$ wurden mehrmals beobachtet. Eine sichere Schwächung um $0\overset{m}{.}7$ ($14\overset{m}{.}2$—$14\overset{m}{.}9$) innerhalb $0\overset{d}{.}03$ wurde bei 243 5725 festgestellt. Auch auf den übrigen Aufnahmen sind sporadische Helligkeitsschwankungen mit einer Amplitude von $1\overset{m}{.}4$ zu erkennen. Struve und Swings haben das Spektrum des Sterns eingehend untersucht [16].

CZ Tau = 217.1943 $15\overset{m}{.}7$—$17\overset{m}{.}5$

Reihenaufnahmen des Feldes φ Tauri zeigen bei 243 5720 und 243 5725 Erhellungen von $0\overset{m}{.}5$ ($15\overset{m}{.}7$—$16\overset{m}{.}2$, $16\overset{m}{.}1$—$16\overset{m}{.}6$) innerhalb $0\overset{d}{.}036$. Bei 243 5732 wurde sogar ein Aufstieg um $0\overset{m}{.}8$ ($16\overset{m}{.}7$—$17\overset{m}{.}5$) in $0\overset{d}{.}031$ beobachtet. Auf den übrigen Platten hat der Veränderliche lebhaften unregelmäßigen Lichtwechsel.

BP Tau = SVS 691 $10\overset{m}{.}7$—$13\overset{m}{.}0$

Die Untersuchungen auf Platten der Sonneberger Schmidtkamera ergaben unregelmäßigen Lichtwechsel. Auf den Reihenaufnahmen verhält sich der Stern ruhig. Helligkeitsänderungen von $0\overset{m}{.}6$ bis $0\overset{m}{.}8$ innerhalb 1^{d} wurden jedoch öfters beobachtet.

DE Tau = SVS 1076 $13\overset{m}{.}9$—$14\overset{m}{.}6$

In der Zeit von 243 4066 bis 243 4683 zeigt der Stern langsamen unregelmäßigen Lichtwechsel. Die Amplitude beträgt in diesem Abschnitt $0\overset{m}{.}6$. Auf den neueren

Platten des Feldes φ Tau scheint der Lichtwechsel völlig zum Stillstand gekommen zu sein. Alle Beobachtungen streuen in einer Breite von $0^m\!.3$ um $14^m\!.0$. Cholopow und Kurotschkin fanden bei dem Veränderlichen eine Amplitude von $1^m\!.0$ ($13^m\!.8$ bis $14^m\!.8$). Auch ihre Beobachtungen lassen auf langsamen regellosen Lichtwechsel schließen.

DF Tau = SVS 1077 $10^m\!.7$—$13^m\!.4$

Die Beobachtungsreihe von Cholopow und Kurotschkin erfaßt den Stern zwischen $11^m\!.9$ und $13^m\!.8$. In der Zeit von 242 9578—243 4780 wurde auf 197 Sonneberger Aufnahmen unregelmäßiger, stellenweise recht lebhafter Lichtwechsel mit Teilamplituden von $1^m\!.0$ bis $1^m\!.5$ festgestellt. Etwa 60% aller Beobachtungen liegen zwischen $11^m\!.7$ und $12^m\!.7$. Stillstände oder Ruhelagen wurden bei dem Stern nicht bemerkt. Sporadisch einsetzende kurzzeitige Helligkeitsänderungen um $1^m\!.0$ bis $1^m\!.5$ innerhalb 1^d bis 2^d wurden hingegen mehrmals beobachtet.

Auf den neueren Platten des Feldes φ Tauri streuen die meisten Beobachtungen im Bereich $11^m\!.8$ bis $12^m\!.2$. Nur einzelne Aufnahmen zeigen den Veränderlichen mit der Helligkeit $12^m\!.4$ und $12^m\!.8$. Auf den Reihenaufnahmen verhält sich der Stern ruhig.

DG Tau = SVS 1078 $11^m\!.7$—$13^m\!.7$

Von dem Stern liegen 149 Aufnahmen aus der Zeit von 242 9641—243 4780 vor. Unregelmäßiger, mit Helligkeitsänderungen von $1^m\!.0$ innerhalb 1^d durchsetzter Lichtwechsel ist charakteristisch für diesen Veränderlichen. An mehreren Stellen der Lichtkurve treten Amplituden von höchstens $1^m\!.0$ auf.

Eine Untersuchung des Sterns auf den Platten der Schmidtkamera war wegen Mangel geeigneter Vergleichsterne nicht möglich. Auf den Cholopow zur Verfügung stehenden Aufnahmen erreichte der Veränderliche die Helligkeit $14^m\!.9$. Nach den Blättern des Palomar-Atlasses [17] ist der Stern von einem Nebel umgeben.

DH Tau = SVS 693 (npr) $13^m\!.4$—$14^m\!.8$

Dieser Veränderliche ist die nördliche Komponente eines Doppelsterns, der nur auf den Aufnahmen der Schmidtkamera getrennt erscheint. Unregelmäßiger Lichtwechsel mit Helligkeitsänderungen von $0^m\!.7$ innerhalb 1^d wurde sicher beobachtet. Auf Platten aus der Zeit von 243 5165—243 6249 liegen die Beobachtungen zwischen $13^m\!.7$ und $14^m\!.8$. Reihenaufnahmen erfassen bei 243 5778 einen Helligkeitsabfall von $0^m\!.5$ innerhalb $0^d\!.041$.

DI Tau = SVS 693 (sf) $13^m\!.6$—$15^m\!.2$

DI Tauri ist die südliche Komponente des Doppelsterns SVS 693. Beobachtungen auf Platten der Schmidtkamera aus der Zeit von 243 4718 bis 243 4780 lassen unregelmäßigen Lichtwechsel mit Helligkeitsänderungen von $0^m\!.9$ innerhalb 2^d erkennen. In der Zeit von 243 5165 bis 243 6249 wurde eine Amplitude von nur $0^m\!.6$ ($14^m\!.1$ bis $14^m\!.7$) festgestellt. Der Lichtwechsel verläuft in diesem Abschnitt langsam. Auf Reihenaufnahmen verhält sich der Stern ruhig.

DK Tau = SVS 1079 $13^m\!.2$—$14^m\!.8$

Cholopow und Kurotschkin beobachteten den Stern mit einer Amplitude von $2^m\!.5$ ($12^m\!.4$—$14^m\!.9$). Sonneberger Aufnahmen lassen unregelmäßigen Lichtwechsel erkennen. Helligkeitsänderungen bis $0^m\!.9$ innerhalb 1^d wurden mehrmals festgestellt. Der Veränderliche wurde allerdings nur auf den Platten eines 140 mm-Tessars (1:5) beobachtet. Für genauere Aussagen reicht das Beobachtungsmaterial nicht aus.

DL Tau = SVS 1082 $13^m.6$—$14^m.7$

Von dem Stern liegen nur 19 Beobachtungen auf Platten des 140 mm-Tessars (1:5) vor. Unregelmäßiger Lichtwechsel und rasche Helligkeitsänderungen von $0^m.6$ innerhalb 1^d wurden beobachtet.

DO Tau = SVS 1086 $13^m.4$—$15^m.4$

Der Lichtwechsel des Veränderlichen ist unregelmäßig. Reihenaufnahmen erfassen einen Helligkeitsabfall von $0^m.7$ innerhalb $0^d.077$. Von CHOLOPOW und KUROTSCHKIN wurde der Stern mit gleicher Amplitude beobachtet. Der Veränderliche ist auf den Blättern des Palomar-Atlasses von einem Nebel umgeben.

DP Tau = SVS 1087 $14^m.3$—$14^m.8$

CHOLOPOW und KUROTSCHKIN beobachteten den Stern zwischen $13^m.7$ und $15^m.4$. Auf Sonneberger Platten verhält sich der Veränderliche hingegen relativ ruhig. Auch auf den Reihenaufnahmen wurden keine kurzzeitigen Helligkeitsschwankungen festgestellt.

S 5339 Tau $14^m.4$—$16^m.1$

Der Stern wurde von CHOLOPOW und KUROTSCHKIN als unveränderlich mit der Helligkeit $16^m.65$ angegeben. Auf den Platten des Feldes $4^h32^m + 25°.5$ zeigt er jedoch lebhaften unregelmäßigen Lichtwechsel in den oben angeführten Grenzen. Bemerkenswert ist eine Schwächung um $1^m.5$ ($14^m.6$—$16^m.1$) in $0^d.041$. Die Reihenaufnahmen erfassen außerdem mehrmals Änderungen von $0^m.4$ innerhalb 1^h.

Veränderliche aus der Liste von HARO, IRIARTE und CHAVIRA

S 5325 Tau $14^m.2$—$15^m.2$

Der Stern ist nur auf den Platten des Feldes φ Tauri zu beobachten. Sein Lichtwechsel ist unregelmäßig. Nennenswerte rasche Helligkeitsänderungen kommen nicht vor. Auf den Reihenaufnahmen verhält sich der Veränderliche ruhig. Lediglich eine Erhellung von $1^m.0$ ($15^m.2$—$14^m.2$) innerhalb 5^d wurde festgestellt. Nach der Verteilung der Beobachtungen wird der Bereich zwischen $14^m.4$ und $14^m.7$ von dem Stern bevorzugt.

S 5326 Tau $14^m.8$—$16^m.3$

Sehr lebhafter, völlig regelloser Lichtwechsel ist für diesen Stern charakteristisch. Auf Reihenaufnahmen zeigt der Veränderliche überaus rasche Helligkeitsänderungen. So konnte bei 243 5725 innerhalb $0^d.033$ ein Helligkeitsabfall von $0^m.6$ festgestellt werden, dem sich eine Erhellung von $0^m.8$ in $0^d.064$ anschließt. Ein sicherer Aufstieg von $0^m.4$ innerhalb $0^d.031$ wurde auch bei 243 5732 beobachtet. Von dem Veränderlichen liegen nur Beobachtungen auf Platten des Feldes φ Tauri vor.

S 5327 Tau $15^m.9$—$17^m.2$

Auf den Reihenaufnahmen des Feldes φ Tauri zeigt der Veränderliche recht aktiven Lichtwechsel. Gesicherte Helligkeitsschwankungen von $0^m.4$ bis $0^m.6$ innerhalb $0^d.03$ wurden mehrmals beobachtet. Bei 243 5778 wurde eine Schwächung um $0^m.8$ in $0^d.168$ festgestellt.

S 5328 Tau $16^m.3$—$17^m.7$

Der Lichtwechsel des Sterns ist unregelmäßig. Bemerkenswert ist eine Erhellung von $1^m.2$ ($17^m.6$—$16^m.4$) innerhalb 1^d (243 5731). Auf Reihenaufnahmen wurden kurzzeitige Helligkeitsänderungen von $0^m.4$ innerhalb $0^d.03$ festgestellt.

T-Nr. 5 $14^m.1$—$16^m.1$

Der von HARO und Mitarbeitern entdeckte Veränderliche zeigt auf den Platten der Felder φ Tauri und χ Tauri völlig regellosen Lichtwechsel. Während in der Zeit von 243 4718 bis 243 4780 die Helligkeitsänderungen im Bereich $14^m.1$ bis $15^m.0$ erfolgen, verläuft der Lichtwechsel auf Platten aus der Zeit von 243 5051 bis 243 6253 in den Grenzen $15^m.2$ und $16^m.1$. Auf Reihenaufnahmen behält der Stern während einer Nacht seine Helligkeit bei. Die kürzesten Änderungen betragen $0^m.6$ in 1^d.

S 5329 Tau $14^m.1$—$15^m.4$

Der Lichtwechsel verläuft langsam und unregelmäßig. Rasche Helligkeitsänderungen wurden nicht festgestellt. Lediglich ein Aufstieg von $0^m.9$ ($15^m.3$—$14^m.4$) bei 243 4768 in 2^d erscheint bemerkenswert.

S 5330 Tau $15^m.1$—$17^m.6$

Äußerst lebhafter unregelmäßiger Lichtwechsel in der Zeit von 243 4718 bis 243 4780 ist bei diesem Stern bemerkenswert. Bei 243 4718 erfolgt nach einer Schwächung um $0^m.7$ ($15^m.1$—$15^m.8$) innerhalb $0^d.18$ ein Helligkeitsabfall von $1^m.1$ in 2^d. Bei 243 4766 ändert der Veränderliche seine Helligkeit um mehr als $1^m.2$ ($16^m.1$ bis [$17^m.3$) in 1^d. Eine starke Schwächung wurde auch bei 243 4770 beobachtet. Innerhalb 1^d erscheint der Veränderliche um $2^m.5$ ($15^m.1$—$17^m.6$) schwächer. Anschließend wurde eine Erhellung um 1^m in $0^d.058$ festgestellt. Wie aus der Verteilung der Beobachtungen hervorgeht, hat der Stern im Minimum eine Ruhelage, von der aus sporadische Helligkeitsänderungen erfolgen.

S 5331 Tau $16^m.4$—[$17^m.6$

Die Mehrzahl der Beobachtungen auf Platten der Felder φ Tauri und χ Tauri liegt im Bereich $17^m.3$ bis $17^m.6$. Aus dieser Ruhelage heraus erfolgen sporadische Erhellungen, so bei 243 4718 ($16^m.5$), 243 5732 ($16^m.8$), 243 6113 ($16^m.7$), 243 6197 ($16^m.4$) und 243 6200 ($16^m.6$). Bei 243 5732 wurde ein Aufleuchten des Sterns um $0^m.6$ ($17^m.4$—$16^m.8$) in $0^d.031$ beobachtet.

S 5332 Tau $16^m.4$—$17^m.6$

Von dem Veränderlichen liegen Beobachtungen auf den Aufnahmen der Felder χ Tauri und $4^h32^m + 25^\circ.5$ vor. 73% aller Beobachtungen befinden sich im Bereich $17^m.3$ bis $17^m.6$. Sichere Erhellungen wurden bei 243 4771 ($16^m.7$, 2 Platten), 243 4778 ($16^m.8$), 243 4779 ($16^m.6$) und 243 5903 ($16^m.4$) beobachtet. 1^d bis 3^d vor und nach diesen Erhellungen hatte der Stern die Helligkeit seiner Ruhelage bei $17^m.5$ eingenommen.

S 5333 Tau $14^m.4$—$15^m.2$

Die Untersuchung des Sterns war nur auf den Platten des Feldes $4^h32^m + 25^\circ.5$ möglich. Der Lichtwechsel ist unregelmäßig. Kurzzeitige Helligkeitsänderungen wurden öfters festgestellt. Ein Aufstieg um $0^m.6$ ($15^m.1$—$14^m.5$) innerhalb $0^d.086$ ist durch 3 Platten belegt. Eine Schwächung um $0^m.4$ in $0^d.04$ wurde bei 243 5893 beobachtet.

T-Nr. 12 $15\overset{m}{.}9$:—$16\overset{m}{.}5$

Die Veränderlichkeit des Sterns ist fraglich. Der größte Teil der Beobachtungen auf Aufnahmen des Feldes $4^{h}32^{m} + 25\overset{\circ}{.}5$ liegt im Streubereich der photographischen Platte ($16\overset{m}{.}2$—$16\overset{m}{.}5$). Immerhin liegen 2 Erhellungen bei 243 5786 und 243 5960 mit der Helligkeit $15\overset{m}{.}9$ vor, wenn auch diese Größen nicht sicher verbürgt werden können.

S 5334 Tau $16\overset{m}{.}9$—[$17\overset{m}{.}7$

Rasche Helligkeitsänderungen wurden bei dem Stern nicht beobachtet. Lediglich 2 sichere Aufstiege aus dem unsichtbaren Bereich [$17\overset{m}{.}7$ wurden bei 243 5780 ($17\overset{m}{.}2$) und bei 243 5903 ($16\overset{m}{.}9$) innerhalb 2^{d} und 3^{d} festgestellt.

S 5335 Tau $15\overset{m}{.}8$—$16\overset{m}{.}6$

60% aller Beobachtungen auf den Platten des Feldes $4^{h}32^{m} + 25\overset{\circ}{.}5$ liegen im Bereich $16\overset{m}{.}4$ bis $16\overset{m}{.}6$. Sichere Erhellungen wurden bei 243 5187 ($15\overset{m}{.}8$), 243 5344 ($15\overset{m}{.}9$), 243 5371 ($15\overset{m}{.}9$), 243 5786 ($15\overset{m}{.}9$) und 243 5868 ($16\overset{m}{.}0$) beobachtet.

S 5336 Tau $13\overset{m}{.}8$—$14\overset{m}{.}6$

Der Veränderliche zeigt langsamen, unregelmäßigen Lichtwechsel. Auf Aufnahmen aus der Zeit von 243 5165 bis 243 5187 hat der Stern die Helligkeit $14\overset{m}{.}2$. Auf 2 Platten bei 243 5370 und 243 5371 wurde die Maximalhelligkeit beobachtet. Im Beobachtungsabschnitt von 243 5778 bis 243 5924 verläuft der Lichtwechsel des Sterns fast ruhig zwischen $14\overset{m}{.}0$ und $14\overset{m}{.}3$. Das Minimum wurde bei dem Veränderlichen bei 243 6249 beobachtet.

T-Nr. 21 $13\overset{m}{.}9$—$16\overset{m}{.}4$

Wenzel, der die Veränderlichkeit dieses Sterns auf Platten des Bruce-Refraktors entdeckte, gibt eine Amplitude von $2\overset{m}{.}0$ ($14\overset{m}{.}1$—$16\overset{m}{.}1$) an. Auf Sonneberger Aufnahmen des Feldes $4^{h}32^{m} + 25\overset{\circ}{.}5$ zeigt der Lichtwechsel unregelmäßigen, zum Teil sprunghaften Verlauf. Helligkeitsänderungen von $1\overset{m}{.}0$ bis $1\overset{m}{.}5$ in wenigen Tagen sind keine Seltenheit. Bemerkenswert ist ein Helligkeitsabfall von $2\overset{m}{.}3$ ($14\overset{m}{.}1$—$16\overset{m}{.}4$) bei 243 5900 innerhalb 3^{d}. Auf Reihenaufnahmen verhielt sich der Stern ruhig. Der Veränderliche bildet zusammen mit T-Nr. 22 ein enges Paar.

T-Nr. 22 $13\overset{m}{.}6$—$15\overset{m}{.}2$

Nach den Entdeckungsangaben von Wenzel verläuft der Lichtwechsel dieses Sterns auf Heidelberger Bruce-Platten in den Grenzen $13\overset{m}{.}9$ und $15\overset{m}{.}5$. Auf Sonneberger Aufnahmen aus der Zeit von 243 5165 bis 243 5924 liegen die Helligkeiten des Veränderlichen, von 2 Ausnahmen abgesehen, zwischen $13\overset{m}{.}8$ und $14\overset{m}{.}1$. Auf einer Platte von 243 6249 hat der Stern die Größe $15\overset{m}{.}2$. Der Lichtwechsel des Veränderlichen ist unregelmäßig. Er verläuft aber langsamer als bei der Komponente T-Nr. 21. Auf den Blättern der Palomarkarte ist der Veränderliche von einem Nebel umgeben.

S 5337 Tau $15\overset{m}{.}7$—$17\overset{m}{.}5$

Das Objekt wird von Haro, Iriarte und Chavira als Nebel in Emission angezeigt. Die Linien N_1, N_2 sind vorhanden. Wie aus Beobachtungen auf Platten der Sonneberger Schmidtkamera hervorgeht, ist das Objekt veränderlich. Belichtungszeiten der Aufnahmen, Plattensorte und der Zustand des Himmels fanden Berücksichtigung.

Auf Agfa-Astro-Platten wurde bei 243 5165 die Helligkeit des Nebels mit $16\overset{m}{.}2$ bestimmt. Bei 243 5344 hingegen ist das Objekt $17\overset{m}{.}5$, obwohl diese Aufnahme 15 Minuten länger belichtet ist. Auch die Durchsicht war in dieser Nacht um 1 Stufe besser. Eine andere Platte von 243 5370, ebenfalls Agfa-Astro, zeigt das Objekt mit der Helligkeit $16^m_{\cdot}7$. Die Belichtungszeit ist auch hier gegenüber der ersten Aufnahme um 20 Minuten länger.

Auch auf Agfa-Astro-Spezial-Platten wurde bei gleichen Aufnahmebedingungen ein Helligkeitsabfall von $0^m_{\cdot}8$ ($15^m_{\cdot}9$—$16^m_{\cdot}7$) innerhalb 2^d beobachtet. Es wird angenommen, daß sich in dem Nebel, ähnlich wie bei HK Orionis und FU Orionis, ein Veränderlicher befindet.

S 5338 Tau $16^m_{\cdot}3$—[$17^m_{\cdot}7$

Eine ausführliche und genaue Beschreibung des Lichtwechsels ist nicht möglich, da der Veränderliche auf den Platten des Feldes $4^h32^m + 25^\circ_{\cdot}5$ nur an 2 Tagen, nämlich bei 243 5370 ($16^m_{\cdot}3$) und bei 243 5924 ($17^m_{\cdot}3$), sichtbar ist. Auf allen übrigen Aufnahmen bleibt der Stern unterhalb der Sichtbarkeitsgrenze [$17^m_{\cdot}7$.

T-Nr. 31 $15^m_{\cdot}1$—$16^m_{\cdot}5$

Die Veränderlichkeit des Sterns wurde von Haro und Mitarbeitern angezeigt. 67% aller Beobachtungen liegen zwischen $16^m_{\cdot}1$ und $16^m_{\cdot}5$. Die Maximalhelligkeit ist durch 2 Platten von 243 5893 belegt. Auf Reihenaufnahmen ändert der Stern seine Helligkeit während einer Nacht nicht.

2. *Sterne der Region* MH_α*-265 und Umgebung*

Veränderliche aus der Liste von Joy

GW Ori = SVS 1091 $10^m_{\cdot}1$—$11^m_{\cdot}5$

Der Veränderliche wurde auf 393 Sonneberger Überwachungsplatten untersucht. Sein Lichtwechsel ist lebhaft und völlig regellos. Helligkeitsänderungen von $1^m_{\cdot}0$ innerhalb 1^d sind bei diesem Stern nicht selten. Der rasche Lichtwechsel erfolgt meistens vom mittleren Lichte ($10^m_{\cdot}7$—$10^m_{\cdot}9$) aus. Einige Abschnitte der Lichtkurve lassen aber auch Ruhelagen im Maximum und Minimum vermuten.

SVS 1092 $16^m_{\cdot}1$—$16^m_{\cdot}8$

Von Cholopow und Kurotschkin wird der Stern als veränderlich? angezeigt. Auf 28 Platten der Schmidtkamera und des 400 mm-Astrographen wurde die Veränderlichkeit bestätigt. Der Lichtwechsel ist unregelmäßig. Für eine ausführliche Beschreibung des Lichtwechsels ist das Beobachtungsmaterial zu gering.

GX Ori = SVS 1093 $14^m_{\cdot}0$—$15^m_{\cdot}3$

Der Lichtwechsel des Sterns ist unregelmäßig. Er verläuft meistens in Wellen oder völlig regellos zwischen $14^m_{\cdot}0$ und $14^m_{\cdot}6$. Selten treten algolähnliche Schwächungen bis $15^m_{\cdot}3$ auf. 70% aller Beobachtungen liegen im Bereich $14^m_{\cdot}2$—$14^m_{\cdot}4$.

GY Ori = S 3718 $13^m_{\cdot}4$—$15^m_{\cdot}5$

Einzelne Abschnitte der Lichtkurve und die Verteilung der Beobachtungen (15% helles, 50% mittleres und 27% schwaches Licht) lassen darauf schließen, daß die häufig auftretenden Helligkeitsschwankungen von der mittleren Helligkeit ($14^m_{\cdot}5$) ausgehen. Neben Auf- und Abstiegen innerhalb weniger Tage wurden auch rasche Helligkeitsänderungen von $0^m_{\cdot}5$ in $0^d_{\cdot}030$ beobachtet.

SVS 1094 $14\overset{m}{.}3$—$15\overset{m}{.}3$

Die Veränderlichkeit des Sterns wurde von CHOLOPOW und KUROTSCHKIN in Frage gestellt (Amplitude $15\overset{m}{.}2$—$15\overset{m}{.}7$). Auf Sonneberger Aufnahmen wird die Veränderlichkeit endgültig bestätigt. Der Stern hat eine Ruhelage zwischen $14\overset{m}{.}9$ und $15\overset{m}{.}3$. Aus diesem Bereich heraus erfolgen Erhellungen bis zum Maximum.

HI Ori = S 3919 $13\overset{m}{.}9$—$15\overset{m}{.}3$

Der Veränderliche steht nahe bei HK Orionis und am Rande desselben hellen, dreieckigen Nebels. Unregelmäßiger Lichtwechsel mit raschen Helligkeitsänderungen ist charakteristisch für diesen Veränderlichen. In einigen Beobachtungsabschnitten beträgt seine Amplitude nur $0\overset{m}{.}6$. Besonders aktiv verhält sich der Stern in der Zeit von 243 5350 bis 243 5550. In diesem Abschnitt ändert der Veränderliche seine Helligkeit stetig zwischen $14\overset{m}{.}2$ und $15\overset{m}{.}2$. Auf Reihenaufnahmen wurden rasche Helligkeitsänderungen von $0\overset{m}{.}9$, $1\overset{m}{.}3$ und $0\overset{m}{.}7$ in $0\overset{d}{.}02$, $0\overset{d}{.}2$ und $0\overset{d}{.}03$ bei 243 5127 und 243 5128 festgestellt.

HK Ori = 43.1939 $11\overset{m}{.}1$—$13\overset{m}{.}3$

Der Stern steht in der Südspitze eines kleinen, dreieckigen Nebels. Untersuchungen auf 405 Sonneberger Platten aus den Jahren 1934 bis 1956 ergeben unregelmäßigen Lichtwechsel vom Typus RW Aurigae. Der mit raschen Helligkeitsänderungen durchsetzte Lichtwechsel ist zeitweilig Wellen von 1000^{d} bis 1500^{d} Länge überlagert. Auch Wellen kürzerer Dauer (400^{d}) kommen vor. Der Veränderliche kam in der beobachteten Zeit nie zur Ruhe. Abschnitte höchster Aktivität sind zwischen weniger lebhaften Abschnitten der Lichtkurve eingelagert. Auf Reihenaufnahmen wurden häufig kurzzeitige Helligkeitsänderungen festgestellt. Bemerkenswert ist eine Schwankung um $1\overset{m}{.}25$ in $0\overset{d}{.}036$ bei 243 3888.

SVS 1095 $8\overset{m}{.}5$—$9\overset{m}{.}5$

Der Stern wurde auf 304 Sonneberger Überwachungsplatten untersucht. Abschnitte mit algolähnlichen Helligkeitsänderungen wechseln mit solchen völliger Regellosigkeit und langsamen Lichtwechsels ab. Rascher Lichtwechsel von $0\overset{m}{.}8$ innerhalb 1^{d} wurde mehrmals festgestellt, ist aber nicht sicher verbürgt. 90% aller Beobachtungen verteilen sich auf den Bereich $8\overset{m}{.}5$—$9\overset{m}{.}1$, wobei Häufungen zwischen $8\overset{m}{.}5$ und $8\overset{m}{.}6$ (20%) und zwischen $8\overset{m}{.}8$ und $8\overset{m}{.}9$ (20%) besonders auffällig sind.

Veränderliche aus der Liste von HARO, IRIARTE und CHAVIRA

T-Nr. 42 $14\overset{m}{.}3$—$15\overset{m}{.}7$

50% aller Beobachtungen liegen zwischen $14\overset{m}{.}9$ und $15\overset{m}{.}1$. Aus diesem Bereich heraus erfolgen rasche Helligkeitsschwankungen von $0\overset{m}{.}6$ bis $1\overset{m}{.}1$ innerhalb $0\overset{d}{.}09$ bis 2^{d}. Der Lichtwechsel des Veränderlichen ist unregelmäßig und lebhaft.

T-Nr. 43 $14\overset{m}{.}1$—$16\overset{m}{.}1$

Die Verteilung der Beobachtungen weist auf 2 Ruhelagen des Sterns zwischen $14\overset{m}{.}2$ und $14\overset{m}{.}5$ und $15\overset{m}{.}7$ und $16\overset{m}{.}0$ hin. Der Charakter des Lichtwechsels ist in den einzelnen Beobachtungsabschnitten unterschiedlich. In der Zeit von 243 0259 bis

243 0433, von 243 0615 bis 243 0780 und von 243 0975 bis 243 1145 schwankt die Helligkeit des Sterns zwischen $14^m.1$ und $15^m.3$. Wellen von 50^d bis 100^d Dauer sind angedeutet. Zwischen 243 1330 und 243 1445 ist der Veränderliche $15^m.3$ und schwächer. Beobachtungen aus der Zeit von 243 1740 bis 243 1906 und von 243 2095 bis 243 2200 lassen algolähnliche Helligkeitsänderungen erkennen. Im mit Aufnahmen gut belegten Abschnitt von 243 5375 bis 243 5550 befindet sich der Stern im schwachen Licht ($15^m.8$—$16^m.1$). Nur gelegentlich treten kurzzeitige Erhellungen bis $14^m.8$ auf. Überaus rascher Lichtwechsel wurde bei dem Veränderlichen nicht festgestellt.

CO Ori = Ross 188 $10^m.3$ —[$13^m.0$

Das Spektrum des Veränderlichen wurde von Elvey und Babcock nach der Intensitätsverteilung im Kontinuum mit dK0 bestimmt. Die Absorptionslinien der Metalle hingegen weisen auf ein F-Spektrum hin [18][1]). A. Joy und R. E. Wilson klassifizierten das Spektrum nach den Metallinien mit gF3 [19][1]). Im GCVS 58 ist das Spektrum nach Bidelman mit gGe gegeben [20][1]). Nach visuellen Beobachtungen von Beyer ist der Lichtwechsel des Sterns unregelmäßig vom Typus RW Aurigae [21][1]).

Der Veränderliche konnte auf 437 Sonneberger Platten aus der Zeit von 242 5655 bis 243 5924 beobachtet werden. Die Art des Lichtwechsels wird bestätigt. Wellen von 30^d bis 140^d Dauer mit überlagerten Helligkeitsschwankungen wechseln mit Abschnitten rascher Helligkeitsänderungen ab. Auch sporadische Erhellungen aus dem schwachen Lichte heraus kommen vor. In der Zeit von 242 5644 bis 243 0850 herrscht Wellencharakter vor. Die Abschnitte der Lichtkurve ab 243 0950 zeigen hingegen öfters Helligkeitsänderungen aus dem Minimum heraus. Bemerkenswert sind die raschen Helligkeitsänderungen des Sterns. Während sich der Veränderliche auf Reihenaufnahmen mit der Schmidtkamera ruhig verhält, konnten auf den übrigen Platten Auf- und Abstiege von $0^m.5$ bis 2^m innerhalb $0^d.06$ bis 2^d beobachtet werden. Der rasche Lichtwechsel wurde auch durch eigene visuelle Beobachtungen bestätigt. Auch hier wurden Änderungen von $0^m.6$ in $0^d.05$ mehrmals festgestellt.

Die auf Sonneberger Platten erhaltenen Beobachtungen wurden mit den visuellen Beobachtungen von M. Beyer [21] aus der Zeit von 242 5662 bis 242 8450 verglichen. Wenn auch das photographische Material für einen Stern vom Typus RW Aurigae lückenhaft ist, so läßt sich doch eine gute Übereinstimmung im Verlauf der photographischen und visuellen Lichtkurve feststellen.

Aus 10 Nächten liegen photographische und visuelle Beobachtungen vor, die zeitlich im Höchstfalle um $0^d.09$ auseinanderliegen. Diese Beobachtungen wurden zur Bestimmung des Farbenindex $m_{blau} - m_{vis}$ benutzt. Zur Mehrung der Beobachtungen in 2 Farbbereichen wurde der Veränderliche auch in der Zeit von 243 5780 bis 243 5924 in Sonneberg visuell überwacht. Die photographische Beobachtung lief parallel dazu und wurde von der Himmelsüberwachung übernommen (Beobachter H. Huth).

Der Farbenindex ist in beiden Beobachtungsreihen veränderlich und schwankt zwischen $0^m.2$ und $1^m.14$ in der einen Reihe, $0^m.5$ und $1^m.7$ in der anderen. Bekräftigt wird diese Erscheinung durch 14 direkt aus ruhigen Abschnitten der visuellen und photographischen Lichtkurve entnommenen Farbenindizes. Auch hier ist eine Schwan-

[1]) Die Literatur ist aus GuL Bd. 3 und 4 entnommen.

kung zwischen $0^m_.2$ und $1^m_.3$ zu verzeichnen. Der mittlere Farbenindex aus der BEYERschen Reihe und den photographischen Beobachtungen ergibt sich bei 24 Einzelwerten zu $0^m_.82$. Der aus meiner eigenen visuellen Reihe und den phg. Beobachtungen ermittelte Farbenindex (8 Einzelwerte) beträgt $0^m_.92$. Die Werte des mittleren Farbenindex entsprechen denen eines K0-Sterns.

Der Versuch, den veränderlichen Farbenindex in Beziehung zur wechselnden scheinbaren Helligkeit zu bringen, verlief ergebnislos. Es besteht aber zumindest ein Zusammenhang zwischen der Steilheit der Aufstiege und dem Farbenindex, wenngleich sich auch die Abstiege teilweise in diese Beziehung einordnen lassen. Wie aus Abb. 2 hervorgeht, sind die Farbenindizes am kleinsten, wenn die Lichtkurve

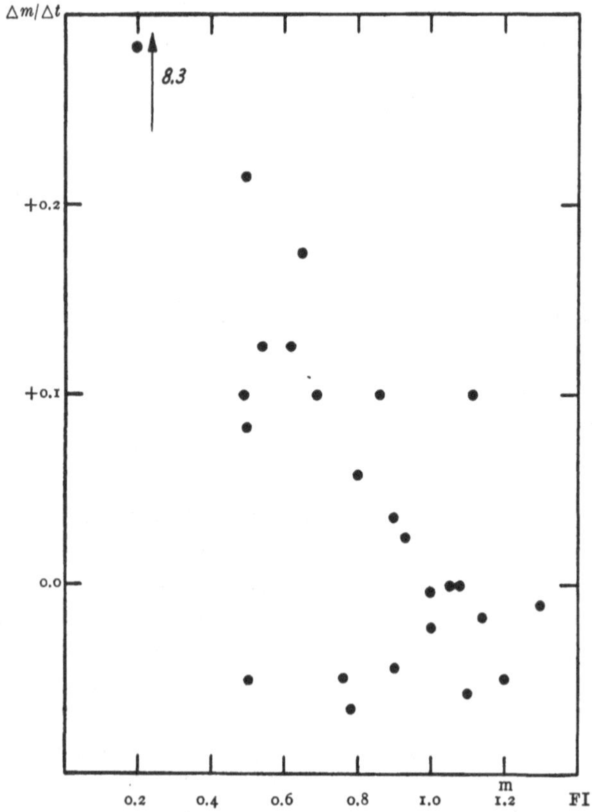

Abb. 2. CO Orionis. Der veränderliche Farbenindex in Abhängigkeit von der Steilheit der Auf- und Abstiege

sehr steil ansteigt. Die Steilheit der Auf- und Abstiege wurde dabei durch $\Delta m/\Delta t$ der vorhergehenden oder nachfolgenden Kurvenstücke bestimmt. Die Werte für die Abstiege sind in der Abbildung mit negativem Vorzeichen eingetragen. Der Pfeil weist auf eine Beobachtung mit dem Wert $\Delta m/\Delta t = 8.333$ hin, bei der, durch 3 Überwachungsplatten belegt, ein rascher Helligkeitsanstieg von $0^m_.5$ innerhalb $0^d_.06$ sicher festgestellt wurde. In den nachfolgenden Tabellen sind die ermittelten Farbenindizes und die Steilheit der Auf- und Abstiege zusammengefaßt.

Tabelle 5

Aus visuellen und photographischen Beobachtungen abgeleitete Farbenindizes

Beobachtungszeit				Helligkeit		Farbenindex $m_{pg}-m_{vis}$	mittl. Farben-index
J. D. 24.....	vis.		pg.	$t_{vis}-t_{pg}$ $t_{pg}-t_{vis}$	vis.	pg.		
25883	.49	B	.55	0ᵈ06	11ᵐ49	12ᵐ63	+1ᵐ14	
6034	.29	B	.37	0.08	10.69	11.74	1.05	
6984	.51	B	.60	0.09	11.39	12.50	1.11	
7039	.40	B	.39	0.01	10.62	11.70	1.08	
7062	.37	B	.42	0.05	10.08	10.57	0.49	0ᵐ81
7479	.27	B	.27	0.00	11.15	11.80	0.65	
7688	.57	B	.58	0.01	11.44	12.08	0.64	
7717	.48	B	.55	0.07	11.04	11.97	0.93	
7745	.50	B	.50	0.00	11.74	12.50	0.76	
7841	.39	B	.38	0.01	11.84	12.08	0.24	
35780	.651	G	.649	0.002	10.96	11.65	0.69	
5786	.538	G	.541	0.003	11.22	12.00	0.78	
5868	.389	G	.375	0.014	11.56	12.10	0.54	
5874	.400	G	.397	0.003	11.56	12.42	0.86	0ᵐ92
5875	.418	G	.408	0.010	11.09	11.66	0.57	
5887	.351	G	.343	0.008	11.00	12.11	1.11	
5892	.353	G	.339	0.014	10.99	12.03	1.04	
5893	.299	G	.327	0.028	10.84	12.58	1.74	

Abkürzungen: B = Beyer, G = Götz

Tabelle 6

Aus den Lichtkurven abgeleitete Farbenindizes

J. D. 242....	Helligkeit vis.	pg.	Farbenindex $m_{pg}-m_{vis}$	mittl. Farbenindex
5922	11ᵐ6	12ᵐ5	+0ᵐ9	
5943	10.8	11.7	0.9	
5981	11.9	12.9	1.0	
6027	10.9	11.7	0.8	
6273	11.5	12.8	1.3	0ᵐ88
6987	11.6	12.5	0.9	
7154	11.7	12.4	0.7	
7156	11.5	12.0	0.5	
7459	10.7	11.2	0.5	
7482	11.5	12.5	1.0	
7502	11.7	12.9	1.2	
7854	12.0	12.5	0.5	
8183	10.7	11.8	1.1	
8245	10.8	11.0	0.2	

Tabelle 7

Die Steilheit der Auf- und Abstiege und ihre Beziehung zum Farbenindex

Stelle der Lichtkurve 24.....	Steilheit $\Delta m/\Delta t$	Farbenindex $m_{pg}-m_{vis}$	Stelle der Lichtkurve 24.....	Steilheit $\Delta m/\Delta t$	Farbenindex $m_{pg}-m_{vis}$
25883	—0.017	$+1^m14$	27482	—0.022	$+1^m00$
5922	+0.036	+0.9	7502	—0.050	+1.2
5943	—0.044	+0.9	7688	+0.125	+0.62
5981	—0.003	+1.0	7717	+0.025	+0.93
6027	+0.058	+0.8	7745	—0.050	+0.76
6034	0.000	+1.05	7841	+8.333	+0.24
6273	—0.010	+1.3	7854	—0.050	+0.5
6984	+0.100	+1.11::	8183	—0.058	+1.1
7039	+0.000	+1.08	8245	+0.283	+0.2
7062	+0.100	+0.49	35780	+0.100	+0.69
7156	+0.083	+0.5	5786	—0.066	+0.78
7459	+0.216	+0.5	5868	+0.125	+0.54
7479	+0.175	+0.65	5874	+0.100	+0.86

S 5308 Ori 15^m0—16^m1

Von dem Stern liegen nur 43 Beobachtungen vor. Unregelmäßiger Lichtwechsel ist sicher. Auf Reihenaufnahmen mit der Schmidtkamera wurde bei 243 5520 in 0^d08 eine Erhellung um 0^m6 (16^m0—15^m4) festgestellt.

S 5309 Ori 14^m6—[16^m0

30% aller Beobachtungen liegen zwischen 15^m3 und 15^m5. Aus diesem Bereich heraus erfolgen zum Teil auch die Helligkeitsänderungen. Die Untersuchungen ergeben lebhaften, unregelmäßigen Lichtwechsel. Auf Reihenaufnahmen wurden bei 243 5483 und 243 5542 zwei Erhellungen um 0^m8 innerhalb 0^d13 und 0^d08 festgestellt.

S 5310 Ori 15^m1—16^m2

Der Veränderliche konnte nur auf 39 Platten des 400 mm-Astrographen, der Schmidtkamera und des 170 mm-Triplets beobachtet werden. Der Lichtwechsel ist unregelmäßig. Genauere Aussagen sind jedoch nicht möglich.

T-Nr. 48 15^m5—[17^m1

Die Veränderlichkeit des Sterns wurde von Haro, Iriarte und Chavira angezeigt. Einzelbeobachtungen aus der Zeit von 243 0259 bis 243 0278 haben die Helligkeit 16^m3 und schwächer. Bei 243 5542 wurde die Maximalhelligkeit 15^m5 erreicht. 7 Tage später hatte der Stern wieder die Größe 16^m8. Der Lichtwechsel des Veränderlichen ist zweifellos unregelmäßig. Ausführlichere Aussagen läßt das geringe Beobachtungsmaterial nicht zu.

V 370 Ori = S 3717 13^m7—16^m1

Die Veränderlichkeit des Sterns wurde von Hoffmeister angezeigt. Der Lichtwechsel wurde schon einmal beschrieben [22]. Der Stern zeigt völlig regellose, zeitweilig sehr langsame Helligkeitsänderungen. Einige Stellen der Lichtkurve lassen aber auch lebhafteren Lichtwechsel erkennen. Helligkeitsänderungen von 1^m0 und mehr in 1^d bis 4^d sind gesichert. Reihenaufnahmen lassen sogar Änderungen um

$0^{\mathrm{m}}.5$ in 1^{h} erkennen. Nach der Verteilung der Beobachtungen hat der Stern eine Ruhelage zwischen $15^{\mathrm{m}}.2$ und $15^{\mathrm{m}}.4$. Wegen seiner geringen Helligkeit im Minimum konnte der Veränderliche nicht auf allen Platten beobachtet werden.

T-Nr. 50 $16^{\mathrm{m}}.0$—[$17^{\mathrm{m}}.0$

Nach HARO, IRIARTE und CHAVIRA ist der Stern veränderlich. In Sonneberg liegen nur Beobachtungen auf Platten des 400 mm-Astrographen und der Schmidtkamera vor. Auf 17 Aufnahmen aus der Zeit von 243 0259 bis 243 0433 hat der Stern die Helligkeit $16^{\mathrm{m}}.8$ und schwächer. Lediglich bei 243 5542 wurde der Veränderliche mit $16^{\mathrm{m}}.0$ beobachtet. Auch auf den Platten der Schmidtkamera ist der Veränderliche, von 2 Aufnahmen mit der Helligkeit $16^{\mathrm{m}}.6$ und $16^{\mathrm{m}}.5$ abgesehen, immer [$17^{\mathrm{m}}.0$.

S 5311 Ori $15^{\mathrm{m}}.4$—$17^{\mathrm{m}}.6$

Für die Untersuchung des Lichtwechsels standen nur wenige Aufnahmen zur Verfügung. Das geringe Beobachtungsmaterial läßt aber trotzdem unregelmäßigen, zeitweilig recht lebhaften Lichtwechsel erkennen. So wurde bei 243 5125 in $2^{\mathrm{d}}.18$ ein Aufstieg um $1^{\mathrm{m}}.9$ ($17^{\mathrm{m}}.3$—$15^{\mathrm{m}}.4$) beobachtet, bei dem anfangs $0^{\mathrm{m}}.5$ innerhalb $0^{\mathrm{d}}.19$ durchlaufen wurden. Bei 243 5540 wurde ein Abstieg von $16^{\mathrm{m}}.4$—$17^{\mathrm{m}}.1$ in $1^{\mathrm{d}}.04$ festgestellt.

S 5312 Ori $15^{\mathrm{m}}.8$—[$17^{\mathrm{m}}.0$

Nur 26 Aufnahmen liegen für die Untersuchung des Sterns vor. Der Lichtwechsel ist bestimmt unregelmäßig. Überaus rasche Helligkeitsänderungen wurden nicht festgestellt. Eine Häufung von Beobachtungen liegt zwischen $16^{\mathrm{m}}.6$ und $16^{\mathrm{m}}.8$.

S 5313 Ori $14^{\mathrm{m}}.0$—$15^{\mathrm{m}}.9$

Die Bearbeitung des Veränderlichen auf 95 Platten ergibt unregelmäßigen, vom mittleren Lichte ausgehenden Lichtwechsel, der zeitweilig rasche Helligkeitsschwankungen von $1^{\mathrm{m}}.0$ bzw. $0^{\mathrm{m}}.5$ innerhalb 2^{d} und $0^{\mathrm{d}}.19$ zeigt. In einigen Abschnitten der Lichtkurve sind Wellen kurzer Dauer angedeutet. In der Zeit von 243 0369 bis 243 0387 wurden z. B. 3 Maxima in einem Abstand von jeweils 7^{d} festgestellt. Reiner periodischer Lichtwechsel ist aber ausgeschlossen.

T-Nr. 54 $16^{\mathrm{m}}.1$—[$16^{\mathrm{m}}.8$

Die Beobachtung des Sterns war nur auf 26 Platten des 400 mm-Astrographen und der Schmidtkamera möglich. Die Helligkeitsänderungen verlaufen völlig regellos. Die geringe Zahl der Aufnahmen und ihre zeitlich ungünstige Verteilung lassen eine genauere Charakterisierung des Lichtwechsels nicht zu.

S 5314 Ori $14^{\mathrm{m}}.0$—$15^{\mathrm{m}}.1$

Der Veränderliche zeigt auf 166 Platten unregelmäßigen, stellenweise sogar recht lebhaften Lichtwechsel. Besonders aktiv war der Stern in der Zeit von 243 3570 bis 243 5550. Helligkeitsänderungen von $0^{\mathrm{m}}.8$ innerhalb $0^{\mathrm{d}}.1$ bis 1^{d} sind in diesem Zeitabschnitt nicht selten. Auch in den übrigen Abschnitten der Lichtkurve kommt rascher Lichtwechsel vor, jedoch nicht in der Häufigkeit wie in der oben angeführten Zeit.

S 5315 Ori $14^{\mathrm{m}}.8$—$16^{\mathrm{m}}.0$

Auf der Palomar-Karte des Feldes $5^{\mathrm{h}}12^{\mathrm{m}} + 12°$ ist der Veränderliche von einem Nebel umgeben. Sein Lichtwechsel ist unregelmäßig und lebhaft. Reihenaufnahmen zeigen bei 243 5483 und 243 5520 Helligkeitsänderungen von $0^{\mathrm{m}}.6$ und $0^{\mathrm{m}}.7$ in $0^{\mathrm{d}}.13$ und $0^{\mathrm{d}}.035$.

S 5316 Ori $14\overset{m}{.}0$—$15\overset{m}{.}3$

Der Stern ist auf den Platten des 170 mm-Triplets nicht von seinem Begleiter zu trennen, so daß die Beobachtung nur auf Aufnahmen der Schmidtkamera und des 400 mm-Astrographen möglich war. Die Untersuchung ergab unregelmäßigen, mit raschen, vom schwachen Lichte ausgehenden Helligkeitsänderungen durchsetzten Lichtwechsel. Änderungen der Helligkeit um $0\overset{m}{.}5$ bis $0\overset{m}{.}9$ in einem Tag wurden mehrmals festgestellt. Etwa 50% aller Beobachtungen liegen in dem Bereich $14\overset{m}{.}9$ bis $15\overset{m}{.}3$.

S 5317 Ori $15\overset{m}{.}6$—$16\overset{m}{.}4$

Die Bearbeitung des Veränderlichen war nur auf 22 Aufnahmen möglich. Die Helligkeitsänderungen verlaufen regellos. Überaus rascher Lichtwechsel scheint nicht vorzukommen. Die schnellste beobachtete Änderung beträgt $0\overset{m}{.}7$ in 2^{d}.

S 3921 Ori $14\overset{m}{.}8$—[$16\overset{m}{.}7$

Der Stern steht in der Randzone des Dunkelgebietes. Seine Veränderlichkeit wurde von HOFFMEISTER entdeckt. Der Lichtwechsel ist unregelmäßig. Rasche Helligkeitsänderungen kommen vor. So wurde u. a. ein Abstieg von $14\overset{m}{.}7$ auf $15\overset{m}{.}5$ in $0\overset{d}{.}92$ bei 243 0377 beobachtet. Der Lichtwechsel wurde auch in Sonn. Veröff. 4, 3 beschrieben.

S 5318 Ori $14\overset{m}{.}3$—$15\overset{m}{.}5$

Von dem Veränderlichen liegen 48 Beobachtungen vor. Unregelmäßiger Lichtwechsel ist sicher. Rasche Helligkeitsänderungen wurden nicht festgestellt.

T-Nr. 65 $14\overset{m}{.}6$—[$17\overset{m}{.}0$

Die Untersuchung des Sterns auf 87 Platten ergab unregelmäßigen Lichtwechsel mit algolähnlichem Charakter. Helligkeitsabfälle von $1\overset{m}{.}5$ bis $2\overset{m}{.}0$ innerhalb 1^{d} wurden mehrmals festgestellt. Die Beobachtungen im Normallicht schwanken in den Grenzen $14\overset{m}{.}6$ und $15\overset{m}{.}5$.

S 5319 Ori $15\overset{m}{.}6$—[$16\overset{m}{.}6$

Das Beobachtungsmaterial reicht nicht aus, um genaue und sichere Aussagen über den Lichtwechsel machen zu können. Die beobachteten Helligkeitsänderungen sind unregelmäßig und erreichen bis $0\overset{m}{.}7$ in $1\overset{d}{.}042$.

S 5320 Ori $14\overset{m}{.}0$—$15\overset{m}{.}3$

Der Veränderliche wurde auf 120 Platten untersucht. Die völlig regellosen Helligkeitsänderungen erfolgen meistens in den Grenzen $14\overset{m}{.}0$ bis $14\overset{m}{.}7$. Stellenweise treten auch Schwächungen bis $15\overset{m}{.}3$ auf. Lebhafter Lichtwechsel wurde nicht beobachtet.

S 3922 Ori $15\overset{m}{.}5$—$16\overset{m}{.}5$

Die Helligkeitsänderungen dieses Sterns verlaufen langsam und unregelmäßig. Die Amplitude beträgt zeitweilig nur $0\overset{m}{.}4$. Rascher Lichtwechsel wurde auch auf Reihenaufnahmen nicht bemerkt. Nach der Verteilung der Beobachtungen zu urteilen, bevorzugt der Stern den Helligkeitsbereich $15\overset{m}{.}9$ bis $16\overset{m}{.}3$.

S 5321 Ori $14\overset{m}{.}8$—$15\overset{m}{.}8$

Der Veränderliche zeigt auf 29 Aufnahmen mit dem 400 mm-Astrographen und der Schmidtkamera sehr lebhaften und völlig regellosen Lichtwechsel. Reihenaufnahmen lassen bei 243 5520 innerhalb $0^d.044$ eine Schwächung des Sterns um $0^m.8$ ($15^m.0$—$15^m.8$) erkennen.

T-Nr. 70 $14^m.6$—[$16^m.2$

Die von HARO und Mitarbeitern angezeigte Veränderlichkeit des Sterns wird bestätigt. Der Lichtwechsel ist zweifellos unregelmäßig. Helligkeitsänderungen von $1^m.0$ in 1^d wurden festgestellt. Auf Reihenaufnahmen verhält sich aber der Stern ruhig.

S 5322 Ori $15^m.7$—$16^m.8$

In den einzelnen Beobachtungsabschnitten hat der Veränderliche höchstens eine Amplitude von $0^m.6$. Der Lichtwechsel verläuft langsam und regellos. Eine ausführlichere Beschreibung des Lichtwechsels läßt das geringe Beobachtungsmaterial (35 Platten) nicht zu.

S 5323 Ori $14^m.7$—$16^m.4$

Der Lichtwechsel dieses Sterns ist völlig regellos. Helligkeitsänderungen von $0^m.5$ und $1^m.0$ in 1^d bis 2^d kommen vor. Nach der Verteilung der Beobachtungen auf die einzelnen Helligkeitsbereiche hat der Veränderliche vermutlich ein Ruhelicht zwischen $15^m.6$ und $15^m.9$.

S 5324 Ori $15^m.8$—$16^m.6$

Wegen seiner geringen Helligkeit konnte der Veränderliche nur auf 25 Platten nachgesehen werden. Der Lichtwechsel ist unregelmäßig und läßt nur langsame Helligkeitsänderungen vermuten. 60% aller Beobachtungen liegen im Bereich $16^m.0$ bis $16^m.3$.

3. *Sterne aus der Umgebung von FU Orionis*

Veränderliche aus der Liste von G. A. MANOVA

S 5385 Ori $13^m.8$—$15^m.1$

Von dem Stern liegen 151 Beobachtungen auf Platten des 400 mm-Astrographen und des 170 mm-Triplets vor.

Etwa 40% aller Beobachtungen liegen zwischen $14^m.5$ und $14^m.7$. Aus diesem Bereich heraus erfolgen auch, wie einige Beobachtungsabschnitte deutlich erkennen lassen, die völlig regellosen Helligkeitsschwankungen.

Überaus rascher Lichtwechsel wurde nicht festgestellt. In den lebhaftesten Abschnitten der Lichtkurve konnten Auf- und Abstiege bis $0^m.6$ innerhalb 1^d und bis $0^m.9$ innerhalb 2^d mehrmals beobachtet werden.

S 5386 Ori $14^m.5$—$15^m.8$

Auf einem Teil der Platten des 170 mm-Triplets ist der Veränderliche nicht sichtbar. Die beobachteten Helligkeitsänderungen verlaufen unregelmäßig. Abschnitte langsamen Lichtwechsels (243 0320 bis 243 0400) wechseln mit solchen großer Aktivität (243 5400 bis 243 5500) ab. Ein ausgesprochenes Ruhelicht konnte nicht beobachtet werden. Allerdings liegen 64% aller Beobachtungen in dem Bereich zwischen $14^m.9$ und $15^m.4$.

Neben Helligkeitsänderungen von 1^m innerhalb 3^d wurde auch sehr rascher Lichtwechsel von $0^m.7$ innerhalb $0^d.09$ beobachtet.

S 5387 Ori $14\overset{m}{.}2$—$15\overset{m}{.}4$

Der Veränderliche zeigt auf den Platten des 400 mm-Astrographen aus der Zeit von 243 0259 bis 243 0410 sehr langsamen unregelmäßigen Lichtwechsel (Amplitude $0\overset{m}{.}5$), der an einigen Stellen sogar völlig zum Stillstand kommt. Auch in den nachfolgenden Zeitabschnitten von 243 0600 bis 243 5540 wurden solche Ruhelagen bei der Helligkeit $14\overset{m}{.}6$ und $15\overset{m}{.}0$ neben Wellen und kurzzeitigen Helligkeitsschwankungen beobachtet.

50% aller Beobachtungen liegen allein im Bereich des Ruhelichtes bei $15\overset{m}{.}0$ ($14\overset{m}{.}9$—$15\overset{m}{.}2$). Neben Helligkeitsänderungen von $0\overset{m}{.}7$ innerhalb 1^{d} konnte auch rascher Lichtwechsel von $0\overset{m}{.}7$ innerhalb $0\overset{d}{.}1$ auf Reihenaufnahmen mit dem 170 mm-Triplet festgestellt werden.

S 5388 Ori $15\overset{m}{.}3$—$16\overset{m}{.}8$

Der Stern konnte nur auf 16 Aufnahmen des 400 mm-Astrographen beobachtet werden. Auf den Platten des 170 mm-Triplets ist der Veränderliche hingegen unsichtbar oder nur schwach angedeutet. Trotzdem ist die Veränderlichkeit des Sterns gesichert. Bei 243 0259 hat der Stern die Helligkeit $15\overset{m}{.}8$. 2^{d} später beträgt sie $16\overset{m}{.}6$. Anschließend erfolgt wieder ein Anstieg auf $15\overset{m}{.}7$ innerhalb 2^{d}. Auch bei 243 0431 wurde ein Helligkeitsabfall von $0\overset{m}{.}9$ ($15\overset{m}{.}7$—$16\overset{m}{.}6$) innerhalb 2^{d} festgestellt. Der Lichtwechsel des Sterns ist unregelmäßig. Ausführlichere Aussagen läßt das Plattenmaterial nicht zu.

S 5389 Ori $15\overset{m}{.}0$—$16\overset{m}{.}7$

Der Veränderliche wurde auf 19 Platten des 400 mm-Astrographen sicher beobachtet. Auch auf einigen Aufnahmen des 170 mm-Triplets ist er sichtbar. Die Veränderlichkeit des Sterns ist auf beiden Plattenarten gesichert. Nach den vorliegenden Beobachtungen ist der Lichtwechsel unregelmäßig. Helligkeitsänderungen von $1\overset{m}{.}3$ innerhalb 2^{d} und 3^{d} wurden bei 243 0259 und 243 0378 festgestellt. Auch bei 243 0995 liegt ein Anstieg um $1\overset{m}{.}0$ ($16\overset{m}{.}3$—$15\overset{m}{.}3$) innerhalb 3^{d} vor.

S 5390 Ori $14\overset{m}{.}5$—$15\overset{m}{.}3$

Der Stern wurde auf den Platten des 400 mm-Astrographen, des 170 mm-Triplets und der Schmidtkamera beobachtet.

Neben Abschnitten mit langsamem, unregelmäßigem bis zum Stillstand kommendem Lichtwechsel treten Wellen bis 100^{d} Länge und einer Amplitude zwischen $0\overset{m}{.}3$ und $0\overset{m}{.}8$ auf. Eine einzige bemerkenswerte raschere Helligkeitsänderung von $0\overset{m}{.}8$ innerhalb 1^{d} wurde bei 243 5372 festgestellt. Im allgemeinen gleicht das Bild der Lichtkurve dem eines langsam veränderlichen Sterns.

S 3723 Ori $14\overset{m}{.}4$—$15\overset{m}{.}8$

Der Stern wurde von Hoffmeister als Veränderlicher mit mittlerer Periode angezeigt (Erg. AN 12, 1). Bei der Bearbeitung in Sonn. Veröff. 4, 3 [22] konnte durch das Fehlen von Reihenaufnahmen nicht entschieden werden, ob kurzperiodischer oder rascher unregelmäßiger Lichtwechsel vorliegt. Neuere Aufnahmen mit der Schmidtkamera aus der Zeit von 243 5730 bis 243 6251 bestätigen den unregelmäßigen Lichtwechsel. In diesem Abschnitt wurden nur langsame Helligkeitsänderungen mit einer Amplitude von $0\overset{m}{.}5$ festgestellt.

S 5391 Ori $12^{\mathrm{m}}.4$—$14^{\mathrm{m}}.2$

Von dem Veränderlichen liegen 161 Beobachtungen auf Platten des 400 mm-Astrographen und des 170 mm-Triplets vor. Der Lichtwechsel ist völlig regellos. Neben Wellen und langsamen, fast zum Stillstand kommenden Helligkeitsänderungen wurden auch sporadische Auf- und Abstiege beobachtet.

Kurzzeitige Helligkeitsänderungen von $0^{\mathrm{m}}.5$ innerhalb $0^{\mathrm{d}}.1$ wurden mehrmals auf Reihenaufnahmen mit dem 170 mm-Triplet aus der Zeit von 243 5369 bis 243 5548 festgestellt. Der rasche Lichtwechsel ist in dieser Zeit vermutlich einem wellenförmigen Kurvenzug überlagert. Auch andere Stellen der Lichtkurve zeigen raschen Lichtwechsel. Bei 243 1027 wurde ein Abfallen der Helligkeit um $0^{\mathrm{m}}.8$ ($13^{\mathrm{m}}.2$—$14^{\mathrm{m}}.0$) innerhalb 1^{d}, bei 243 3958 sogar um $0^{\mathrm{m}}.9$ ($12^{\mathrm{m}}.5$—$13^{\mathrm{m}}.4$) innerhalb $0^{\mathrm{d}}.07$ festgestellt.

Helligkeitsschwankungen mit der vollen Amplitude sowie ausgesprochene Ruhelagen des Sterns wurden nicht beobachtet.

S 5392 Ori $14^{\mathrm{m}}.6$—$15^{\mathrm{m}}.9$

Der Stern zeigt auf 102 Platten der Schmidtkamera, des 400 mm-Astrographen und des 170 mm-Triplets ausgesprochen langsamen Lichtwechsel, der von einem mit Schwankungen durchsetzten Ruhelicht bei $15^{\mathrm{m}}.3$ ausgeht. 70% aller Beobachtungen liegen allein im Bereich zwischen $15^{\mathrm{m}}.2$ und $15^{\mathrm{m}}.5$. Bemerkenswert ist das Absinken der Helligkeit zum über mehrere Tage andauernden Minimum bei $15^{\mathrm{m}}.9$.

S 3925 Ori $13^{\mathrm{m}}.8$—[$16^{\mathrm{m}}.0$

Der Stern wurde von mir in einer früheren Publikation [22] als Halbregelmäßiger klassifiziert. Der in Wellen ablaufende Lichtwechsel folgte in der Zeit von 243 0259 bis 243 5550 den Elementen

$$M = 243\,0325 + 139 \cdot E,$$

wobei in der Zeit von 243 5350 bis 243 5550 die Wirksamkeit der halben Periode festgestellt wurde. In den neuen nachfolgenden Beobachtungsabschnitten von 243 5700 bis 243 6900 wurden ebenfalls Wellen beobachtet, die aber nicht in allen Kurvenstücken den obigen Elementen folgen. Während die Zeit von 243 5700 bis 243 5800 nur durch 2 Einzelbeobachtungen ($15^{\mathrm{m}}.5$ und $15^{\mathrm{m}}.6$) belegt ist, tritt bei 243 6200 ein sicheres Minimum ($16^{\mathrm{m}}.0$) auf, das nach der Rechnung etwa $+35^{\mathrm{d}}$ vom Maximum entfernt wäre. Das Maximum der Epoche $E = 44$ fällt mit einem sicheren Minimum ($< 16^{\mathrm{m}}.0$) zusammen. Ähnlich ist es auch bei dem Maximum der Epoche $E = 45$. Selbst wenn eine Verschiebung der Ausgangsepoche vorausgesetzt wird, lassen sich die Erscheinungen nicht mit der Periode $P = 139^{\mathrm{d}}$ darstellen. Auch ein Aufstieg von $0^{\mathrm{m}}.5$ ($15^{\mathrm{m}}.9$—$15^{\mathrm{m}}.4$) innerhalb 2^{d} paßt nicht gut zu der Lichtkurve eines halbregelmäßigen Sterns. Die Amplitude beträgt in den neuen Beobachtungsabschnitten $1^{\mathrm{m}}.0$ ($15^{\mathrm{m}}.2$—$16^{\mathrm{m}}.2$). Nach diesen Befunden ist die Einordnung des Sterns als unregelmäßig Veränderlicher eher gerechtfertigt. RW-Aurigae-Typus ist allerdings zweifelhaft.

S 5393 Ori $13^{\mathrm{m}}.6$—$16^{\mathrm{m}}.0$

Der Stern befindet sich in der Nähe des Veränderlichen S 3724. Der Lichtwechsel ist völlig regellos und verläuft stellenweise recht lebhaft mit Amplituden zwischen $1^{\mathrm{m}}.0$ und $2^{\mathrm{m}}.4$. Bemerkenswert ist jedoch, daß auf Reihenaufnahmen mit dem 170 mm-Triplet keine nennenswerten raschen Helligkeitsänderungen innerhalb weniger Stunden beobachtet wurden, obwohl im gleichen Zeitabschnitt recht lebhafte Helligkeitsschwankungen von $1^{\mathrm{m}}.4$ bis $1^{\mathrm{m}}.9$ in 3^{d} vorliegen. Auch an anderen Stellen der Lichtkurve wurden ähnliche Erscheinungen festgestellt. Helligkeitsänderungen um $1^{\mathrm{m}}.0$

innerhalb 1^{d} bis 2^{d} sind auch hier nicht selten. Nach der Verteilung von 188 Beobachtungen auf die einzelnen Helligkeitsbereiche liegen 43% allein zwischen $14^{\mathrm{m}}.7$ und $15^{\mathrm{m}}.0$. Die Verteilung weist auf ein Ruhelicht hin, von dem aus besonders in Abschnitten lebhaften Lichtwechsels die Helligkeitsschwankungen erfolgen. Nach neueren Beobachtungen von G. A. Ponomareva (Manova) hat der Stern die Helligkeit $13^{\mathrm{m}}.6$ bis $14^{\mathrm{m}}.9$ [28].

S 5394 Ori $15^{\mathrm{m}}.5$—$16^{\mathrm{m}}.5$

Der Veränderliche konnte auf den Platten des 170 mm-Triplets nicht beobachtet werden, da er von Nachbarsternen überdeckt wird. Die Beobachtungen auf Aufnahmen mit dem 400 mm-Astrographen weisen auf langsamen unregelmäßigen Lichtwechsel mit einer Amplitude von $0^{\mathrm{m}}.5$ hin. Auf Platten mit der Schmidtkamera hingegen wurden bei 243 6160 und bei 243 6227 Helligkeitsänderungen um $0^{\mathrm{m}}.7$ innerhalb 2^{d} bis 3^{d} beobachtet. Überhaupt scheint der Lichtwechsel auf den Aufnahmen der Schmidtkamera lebhafter als auf den zeitlich früheren Platten des 400 mm-Astrographen zu sein.

S 5395 Ori $14^{\mathrm{m}}.2$—$15^{\mathrm{m}}.4$

Auf einem Teil der Platten des 170 mm-Triplets ist der Veränderliche von seinem Nachbarstern nicht getrennt. Insgesamt standen 89 Beobachtungen für die Auswertung zur Verfügung, von denen allein 59% im Ruhelicht zwischen $14^{\mathrm{m}}.9$ und $15^{\mathrm{m}}.2$ liegen. Aus diesem Bereich heraus erfolgen auch die Helligkeitsschwankungen, in der Mehrzahl nach dem hellen Lichte zu. Einige Abschnitte der Lichtkurve zeigen den Stern mit nur langsamem bis zum Stillstand kommendem Lichtwechsel in der Nähe des Ruhelichts. Rasche Helligkeitsschwankungen wurden bei 243 5419 und 243 5427 beobachtet. Innerhalb $0^{\mathrm{d}}.1$ und 3^{d} wurden Abstiege um $0^{\mathrm{m}}.7$ und $1^{\mathrm{m}}.1$ festgestellt.

S 5396 Ori $15^{\mathrm{m}}.1$—$15^{\mathrm{m}}.8$

Der Stern ist auf den Platten des 170 mm-Triplets überhaupt nicht oder nur schwach sichtbar. Auf den Aufnahmen der Schmidtkamera und des 400 mm-Astrographen erfolgen die Helligkeitsänderungen langsam und unregelmäßig. Nennenswerter rascher Lichtwechsel wurde nicht festgestellt.

S 5397 Ori $14^{\mathrm{m}}.8$—$16^{\mathrm{m}}.1$

Auf den Aufnahmen des 170 mm-Triplets ist der Veränderliche meistens unsichtbar. Der größte Teil der Beobachtungen auf Platten des 400 mm-Astrographen aus der Zeit von 243 0250 bis 243 1500 liegt zwischen $15^{\mathrm{m}}.8$ und $16^{\mathrm{m}}.1$. Aus dieser Ruhelage heraus erfolgen Erhellungen bis zur Größe $14^{\mathrm{m}}.8$. Bemerkenswert ist auch ein Helligkeitsabfall vom Maximum auf $16^{\mathrm{m}}.0$ innerhalb 1^{d}. Diese Erscheinungen werden auch auf einigen guten Platten des 170 mm-Triplets aus anderen Zeitabschnitten bestätigt. Aufnahmen der Schmidtkamera aus der Zeit von 243 5730 bis 243 6251 zeigen den Stern meistens mit der Helligkeit $15^{\mathrm{m}}.0$ bis $15^{\mathrm{m}}.5$. Die Beobachtungen sind jedoch zu lückenhaft, um entscheiden zu können, ob auch in diesem Abschnitt ein Ruhelicht vorhanden ist. Der Lichtwechsel wird von G. A. Ponomareva (Manova) bestätigt [28]. Sie beobachtete den Stern in den Grenzen $15^{\mathrm{m}}.7$ bis $17^{\mathrm{m}}.3$.

QR Ori = S 3928 $13^{\mathrm{m}}.3$—$16^{\mathrm{m}}.3$

Eine Beschreibung des Lichtwechsels wurde bereits veröffentlicht [22]. Hoffmeister zeigte den Veränderlichen als RW-Aurigae-Stern an (Erg. AN 12, 1). Völlig regelloser und sehr lebhafter Lichtwechsel sind charakteristisch für diesen

Stern. Helligkeitsänderungen mit der vollen Amplitude innerhalb 3^{d} wurden mehrmals festgestellt. Rasche Helligkeitsschwankungen von $0^{\mathrm{m}}5$ und $0^{\mathrm{m}}8$ innerhalb $0^{\mathrm{d}}08$ wurden bei 243 3958 und 243 5427 beobachtet. Auch auf Aufnahmen mit der Schmidtkamera ist recht lebhafter Lichtwechsel festzustellen. Aus diesem Beobachtungsmaterial liegen Abstiege um $1^{\mathrm{m}}1$ innerhalb 1^{d} bis 2^{d} vor.

S 5398 Ori $14^{\mathrm{m}}3$—$15^{\mathrm{m}}8$

Von dem Veränderlichen liegen 94 Beobachtungen vor, die vermutlich um eine Ausgangslage bei $14^{\mathrm{m}}7$ streuen. Erhebungen und Schwächungen folgen einander völlig regellos. Ausgesprochen rascher Lichtwechsel wurde nicht bemerkt. Auf Reihenaufnahmen mit dem 170 mm-Triplet im Abstand $0^{\mathrm{d}}1$ wurden keine merklichen Helligkeitsänderungen festgestellt.

S 5399 Ori $14^{\mathrm{m}}3$—$15^{\mathrm{m}}6$

Langsamer, z. T. mit Wellen und kleinen, kurzzeitigen Helligkeitsschwankungen durchsetzter Lichtwechsel wurde neben regellosen, sporadisch einsetzenden Helligkeitsänderungen von $0^{\mathrm{m}}5$ bis $1^{\mathrm{m}}3$ Amplitude beobachtet. Stellenweise verlaufen Auf- und Abstiege in gleichen Zeiten von 2^{d} bis 10^{d}. In anderen Abschnitten hingegen erfolgen die Erhellungen um etwa 1^{m} innerhalb 4^{d}, während bis zum Erreichen der Ausgangshelligkeiten bei stetig fallender Lichtkurve 20^{d} bis 30^{d} benötigt werden.

Bemerkenswert ist das Verhalten des Veränderlichen auf Reihenaufnahmen. Unter 7 Doppelaufnahmen aus verschiedenen Nächten wurde nur bei 243 5480 ein Helligkeitsabfall von $0^{\mathrm{m}}9$ ($14^{\mathrm{m}}4$—$15^{\mathrm{m}}3$) innerhalb $0^{\mathrm{d}}1$ festgestellt. Ein Ruhelicht wurde bei dem Stern nicht beobachtet.

S 5400 Ori $14^{\mathrm{m}}6$—$17^{\mathrm{m}}0$

Der Veränderliche zeichnet sich durch seine relativ große Amplitude aus, die aber an keiner Stelle der Lichtkurve in ihrer ganzen Größe durchlaufen wurde. Die Teilamplituden betragen im Höchstfalle $1^{\mathrm{m}}9$. Nach der Verteilung der Beobachtungen verläuft der Lichtwechsel hauptsächlich in und um den Bereich $15^{\mathrm{m}}2$ bis $15^{\mathrm{m}}8$. Die Helligkeitsänderungen erfolgen sprunghaft, aber selten innerhalb 1^{d} bis 3^{d}. Nur bei 243 6198 fand eine Erhellung um $1^{\mathrm{m}}0$ ($15^{\mathrm{m}}6$—$14^{\mathrm{m}}6$) in 1^{d} statt. Ein Ruhelicht wurde bei dem Stern nicht beobachtet. Der Lichtwechsel wird von G. A. Ponomareva (Manova) in einer neueren Publikation bestätigt [28]. Sie fand bei dem Stern eine Amplitude von $2^{\mathrm{m}}2$ ($15^{\mathrm{m}}1$—$17^{\mathrm{m}}3$).

S 5401 Ori $14^{\mathrm{m}}6$—$16^{\mathrm{m}}6$

Die Beobachtungen streuen über den gesamten Helligkeitsbereich, dessen Extremhelligkeiten mehrmals beobachtet wurden. Neben sprunghaften Auf- und Abstiegen von $1^{\mathrm{m}}8$ bis $2^{\mathrm{m}}0$ innerhalb 4^{d} (Platten des 400 mm-Astrographen) liegen auch Kurvenabschnitte vor, in denen sich der Veränderliche relativ ruhig verhält. So wurden auf den Aufnahmen mit der Schmidtkamera aus der Zeit von 243 6111 bis 243 6251 nur langsame Helligkeitsänderungen zwischen $15^{\mathrm{m}}3$ und $15^{\mathrm{m}}8$ festgestellt. Sehr rascher, innerhalb von Stunden ablaufender Lichtwechsel ist bei dem Stern nicht zu erkennen. G. A. Ponomareva (Manova) beobachtete bei dem Stern Helligkeitsänderungen zwischen $15^{\mathrm{m}}1$ und $16^{\mathrm{m}}5$ [28].

S 5402 Ori $13^{\mathrm{m}}6$—$14^{\mathrm{m}}6$

Helligkeitsänderungen mit der vollen Amplitude des Sterns wurden an keiner Stelle der Lichtkurve beobachtet. Meistens verläuft der Lichtwechsel in einem Bereich von $0^{m}\!.6$. 79% aller Beobachtungen ($n = 165$) liegen zwischen $14^{m}\!.0$ und $14^{m}\!.3$. Aus diesem Helligkeitsbereich heraus erfolgen auch die zeitweiligen Aufhellungen und Schwächungen. Im allgemeinen verläuft aber der Lichtwechsel recht langsam und kommt an einigen Stellen sogar zum Stillstand. Bemerkenswerte rasche Helligkeitsänderungen wurden nicht festgestellt.

S 5403 Ori $15^{m}\!.6$—$16^{m}\!.2$

Der Stern ist nur auf den Platten der Schmidtkamera und des 400 mm-Astrographen sichtbar. Der Lichtwechsel ist langsam und unregelmäßig. Für genauere Aussagen ist die Anzahl der Beobachtungen zu klein.

S 5404 Ori $15^{m}\!.0$—$15^{m}\!.9$

Auf den Platten des 170 mm-Triplets ist nur der helle Begleiter des Veränderlichen sichtbar. Auch auf einem Teil der Aufnahmen mit dem 400 mm-Astrographen überdeckt dieser Stern den Veränderlichen. Die übrigen Beobachtungen, einschließlich der der Schmidtkamera, lassen langsamen unregelmäßigen Lichtwechsel erkennen.

S 5405 Ori $14^{m}\!.0$—$15^{m}\!.6$

Von dem Veränderlichen liegen 68 Beobachtungen vor. Auf den übrigen Platten wird der Stern nicht von seinem Begleiter getrennt. Der Lichtwechsel ist völlig regellos. Bemerkenswert sind einige sprunghaft einsetzende Schwächungen. Nach der Verteilung der Beobachtungen zu urteilen, bevorzugt der Veränderliche den Bereich zwischen $14^{m}\!.4$ und $14^{m}\!.7$. Ein bei 243 6163 auftretender rascher Helligkeitsabfall von $14^{m}\!.2$ auf $14^{m}\!.9$ innerhalb $0^{d}\!.18$ ist nicht sicher verbürgt, da die Aufnahmen mit verschiedenen Instrumenten erhalten wurden.

S 5406 Ori $12^{m}\!.7$—$14^{m}\!.0$

Der Stern hat alle Merkmale eines algolähnlichen Veränderlichen. Sein Normallicht streut zwischen $13^{m}\!.0$ und $13^{m}\!.4$, wobei sich 84% aller Beobachtungen in diesem Bereich befinden. Von 185 Beobachtungen liegen nur 4 sichere Schwächungen bei 243 0619.572 ($13^{m}\!.9$), 243 0694.393 ($13^{m}\!.9$), 243 1076.315 ($14^{m}\!.0$) und 243 3942.199 ($14^{m}\!.0$) vor. Die Ermittlung einer Periode verlief ergebnislos, da helle Beobachtungen immer im Widerspruch zu den erhaltenen Werten stehen.

Auch die für die algolähnlichen Sterne charakteristischen Erhellungen aus dem Normallicht heraus wurden festgestellt.

Farbenindizes von Sternen mit H_α-Emission im Taurusgebiet

In den 3 Taurusfeldern φ Tauri, χ Tauri und $4^{h}32^{m}$ $+25^{\circ}\!.5$ konnten von 28 Sternen die Farbenindizes bestimmt werden. Unter diesen Sternen befinden sich 15 mit bekanntem Spektrum. Es ist bemerkenswert, daß für einen Teil dieser Objekte, meistens vom Spektraltypus dKe und dMe, die normale Beziehung zwischen Farbenindex und Spektrum keine Gültigkeit hat [23].

Da Filteraufnahmen an den Witterungsverhältnissen scheiterten, wurden zur Bestimmung der Farbenindizes Agfa-Astro- und Agfa-panchromatische Platten ohne Filter verwendet. Die isophoten Wellenlängen dieser Platten liegen nach Korrektur der Empfindlichkeitskurven [24] bei $\lambda_i = 415$ mμ und $\lambda_i = 502$ mμ: Farbenindex FI $= m_{415} - m_{502}$.

Um Verfälschungen durch rasche Helligkeitsänderungen der Sterne auszuschalten, wurden für die Untersuchung der Farbenindizes nur Plattenpaare verwendet, deren panchromatische Aufnahmen in derselben Nacht und unmittelbar nach den Blauaufnahmen gewonnen wurden oder sogar von Blauaufnahmen eingeschlossen sind. Selbstverständlich erfassen die benutzten Emulsionen ohne Filter einen breiten Spektralbereich. Die Erfahrungen zeigen aber, daß die abgeleiteten Farbenindizes durchaus quantitative Aussagen zulassen.

Das benutzte Beobachtungsmaterial ist in Tab. 8 zusammengefaßt. Neben der Anzahl der Plattenpaare sind auch alle Einzelaufnahmen im panchromatischen Bereich aufgeführt.

Tabelle 8

Beobachtungsmaterial für die Bestimmung von Farbenindizes

Feld	Anzahl der Plattenpaare	Anzahl aller panchrom. Aufn.	Zeitabschnitt 243.... bis	243....
χ Tau	13	17	4718	6114
φ Tau	7	12	5093	6113
$4^h32^m + 25\overset{\circ}{.}5$	3	5	5165	5373

Zur Ermittlung der Helligkeiten für die Spektralbereiche $\lambda_i = 415$ mμ und $\lambda_i = 502$ mμ wurden getrennt für die 3 Taurusfelder frühe A-Sterne (A0 bis A2) (25, 26) an das Eichfeld SA 48 (Mt. Wilson) oder an die von ihm abgeleiteten Hilfseichfelder angeschlossen. Die so gewonnenen Helligkeitsskalen gewähren sichere Anschlüsse bis $14\overset{m}{.}0$. Der weitere Verlauf im Bereich $< 14\overset{m}{.}0$ mußte extrapoliert werden, da schwächere A-Sterne in den Taurus-Feldern nicht bekannt sind. Bei der Extrapolation der Helligkeitsskalen wurden im Spektralbereich $\lambda_i = 415$ mμ Sterne mit unbekanntem Spektrum, die an die pg. Helligkeiten des Eichfeldes angeschlossen wurden, benutzt. Die gleichen Sterne wurden auch auf panchromatischen Platten gemessen, wobei ihnen ihre Blauhelligkeit unter Berücksichtigung eines mittleren Spektraltypes F zugeordnet wurde.

Für die Erstellung der Abhängigkeitskurven von Farbenindex und Spektrum wurden in den einzelnen Feldern insgesamt 79 Sterne verschiedener bekannter Spektraltypen zur Ermittlung ihres Farbenindex an die Helligkeitsskalen beider Farbbereiche angeschlossen. Die Abhängigkeitskurven zeigen in den 3 Taurus-Feldern, wie auch aus Abb. 3 hervorgeht, gleichen Verlauf. Der Unterschied zwischen dem Farbenindex eines A0-Sterns und dem eines M0-Sterns beträgt $1\overset{m}{.}3$.

An die gleichen Helligkeitsskalen wurden auch die H_α-Objekte und ihre Vergleichsterne angeschlossen. Die Farbenindizes $m_{415} - m_{502}$ der H_α-Sterne ergaben sich neben dem direkten Anschluß durch Einschätzen ihrer Helligkeit zwischen Blau- und panchromatische Größen der Vergleichsterne.

Für diejenigen Emissionsliniensterne, die sowohl auf den Aufnahmen des Feldes φ Tauri als auch auf den Platten des Feldes χ Tauri sichtbar sind, konnten die Farbenindizes durch Anschluß an verschiedene, voneinander unabhängige Helligkeitsskalen ermittelt und überprüft werden. Die Übereinstimmung der erhaltenen Werte ist recht gut.

Tabelle 9

Mittlere Farbenindizes von H_α-Sternen mit bekanntem Spektrum

Stern	Spektrum	Bemerk. zum Spektrum	mittl. FI $m_{415}-m_{502}$	Stern	Spektrum	Bemerk. zum Spektrum	mittl. FI $m_{415}-m_{502}$
CW Tau	dK5e	—	$+0^m.84$	DE Tau	dM1e	—	$+0^m.24$
SVS 1074	—	—	+0.87	DF Tau	dM0e	v. c.	+0.61
SVS 1073	dM2.5e	—	+1.37	DG Tau	Ge	p. v. c.	+0.44
CX Tau	dM1.5e	—	+0.97	DH Tau	dM0e	h. v. c.	+0.31
CY Tau	dM2e	—	+0.67	DI Tau	dM0.5e	—	+1.24
DD Tau	dK6e	v. c.	—0.02	DO Tau	Ge	h. v. c.	+0.30
CZ Tau	dM2e	—	+1.40	DP Tau	dM0e	—	+0.19
BP Tau	dK5e	h. v. c.	+0.43	S 5339	dK5e	—	+0.50

Abkürzungen: v. c. = spectrum veiled by continuous emission
h. v. c. = spectrum heavily veiled by continuous emission
p. v. c. = spectrum partially veiled by continuous emission

Tabelle 10

Mittlere Farbenindizes von H_α-Sternen mit unbekanntem Spektrum

Stern	mittl. FI $m_{415}-m_{502}$	Stern	mittl. FI $m_{415}-m_{502}$
S 5325	$+0^m.21$	S 5332	$+1^m.34$
S 5327	+0.48	S 5333	+1.06
S 5328	+0.95	S 5335	+0.33
T-Nr. 5	+0.24	S 5336	+0.32
S 5329	+0.27	T-Nr. 21	+1.02
S 5331	+1.24	T-Nr. 22	+0.65

Die Zahl der ermittelten Farbenindizes pro Stern beträgt je nach Lage in den einzelnen Feldern 3 bis 20. In den Tabellen 9 und 10 sind die Mittelwerte der Farbenindizes für jeden Stern, getrennt für H_α-Sterne mit bekanntem und unbekanntem Spektrum, aufgeführt. Von den Sternen aus der Liste von Haro, Iriarte und Chavira konnten nur wenige Farbenindizes sicher bestimmt werden, weil die Helligkeiten dieser Sterne meistens $< 14^m.0$ sind. Die durch die Extrapolation der Helligkeitsskalen entstandenen Unsicherheiten wirken sich besonders auf diese Objekte aus.

Die Bestimmung von Farbenindizes an Sternen der Orion-Felder war nicht möglich, weil in diesem Gebiet nur sehr wenig A-Sterne bis mindestens $14^m.0$ bekannt sind. Die geringe Zahl der vorhandenen Objekte reicht keinesfalls zur Ermittlung der panchromatischen Helligkeitsskala aus.

In Abb. 3 sind die Farbenindizes der Sterne aus Tab. 9 dem Spektraltypus gegenübergestellt. Die einzelnen Werte sind als Kreise und Dreiecke eingetragen. 50% der untersuchten Sterne liegen über der ermittelten Abhängigkeitskurve von Farbenindex und Spektrum. Auf diesen Befund, der auf einen Blauüberschuß dieser Sterne schließen läßt, wurde bereits 1955 hingewiesen [23]. Inzwischen wurden auch Arbeiten anderer Autoren bekannt, in denen auf diese Erscheinung aufmerksam gemacht wird. K. H. Böhm, der die Spektren von VY Orionis und LH_α-22 untersuchte, stellte fest, daß die Intensität dieser Sterne zwischen 375 mμ und 365 mμ außerordentlich steil um einen Faktor 2 ansteigt [27]. Demnach dürfte auch der Blauüberschuß der untersuchten H_α-Sterne vom UV-Anteil ihres Spektrums herrühren.

Wie bereits oben erwähnt, zeigen von 16 auf Sonneberger Platten untersuchten Emissionsliniensternen 8 diesen außergewöhnlichen UV-Anteil. Der Farbenindex dieser Gruppe beträgt im Mittel $0^m_.37$. Dieser Wert entspricht normalerweise dem

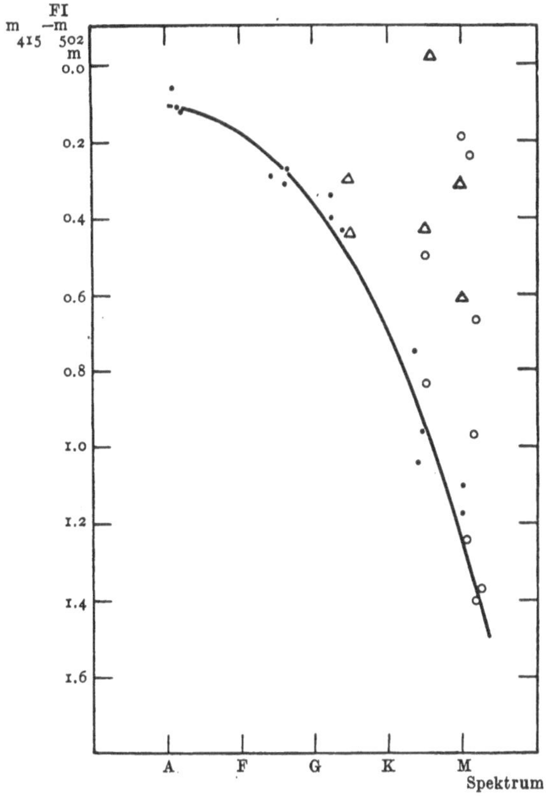

Abb. 3. Die Abhängigkeit der Farbenindizes vom Spektraltypus.
△ = Sterne, bei denen das „veiling continuum“ beobachtet wurde

Farbenindex eines G0-Sterns. Das mittlere Spektrum dieser Gruppe ist aber K9. Bei den übrigen Sternen, bei denen kein Blau- bzw. UV-Überschuß beobachtet wurde, stimmt der mittlere Farbenindex mit $0^m_.93$ mit dem mittleren Spektraltypus K5 überein. Zur letzten Gruppe gehören auch 2 Sterne mit dem Spektrum Ge. Die Abweichung des Veränderlichen DO Tauri um $0^m_.2$ von der Abhängigkeitskurve hat vermutlich ihre Ursache in der ungenauen Angabe der Spektralklasse.

Zur Gruppe der Sterne mit UV-Überschuß gehören:

Bezeichnung	Spektrum	Farbenindex
CY Tau	dM2e	$+0^m_.67$
DD Tau	dK6e	−0.02

Bezeichnung	Spektrum	Farbenindex
BP Tau	dK5e	$+0^{m}.43$
DE Tau	dM1e	+0.24
DF Tau	dM0e	+0.61
DH Tau	dM0e	+0.31
DP Tau	dM0e	+0.19
S 5339	dK5e	+0.50

Bei den nachfolgenden Sternen wurde kein UV-Überschuß beobachtet:

Bezeichnung	Spektrum	Farbenindex
CW Tau	dK5e	$+0^{m}.84$
SVS 1074	—	+0.87
SVS 1073	dM2.5e	+1.37
CX Tau	dM1.5e	+0.97
CZ Tau	dM2e	+1.40
DG Tau	Ge	+0.44
DI Tau	dM0.5e	+1.24
DO Tau	Ge	+0.30

Besonders zu bemerken ist, daß alle untersuchten Sterne vom Spektraltypus K und M, bei denen das „veiling continuum" beobachtet wurde, zur Gruppe der Sterne mit UV-Überschuß gehören. Die beiden Ge-Sterne DG Tauri und DO Tauri hingegen sind zweifellos der Gruppe ohne UV-Überschuß zuzuordnen, obgleich auch bei ihnen das „veiling continuum" festgestellt wurde.

Auch bei den Emissionsliniensternen mit unbekanntem Spektrum sind 2 Gruppen mit und ohne UV-Überschuß zu erkennen, wenn man annimmt, daß die Verteilung dieser Sterne auf die einzelnen Spektraltypen annähernd gleich der der Sterne mit bekanntem Spektrum ist.

Der mittlere Spektraltypus aller Emissionsliniensterne in der Region MH_{α}-259 beträgt K3 bis K5. Diesem Spektrum entspricht ein mittlerer Farbenindex von $0^{m}.9$. Von den 12 bearbeiteten H_{α}-Sternen mit unbekanntem Spektrum liegen 7 Objekte (das sind etwa 60%) mit Farbenindizes zwischen $0^{m}.21$ und $0^{m}.65$ beträchtlich über diesem Mittelwert. Die übrigen Sterne haben Farbenindizes zwischen $0^{m}.95$ und $1^{m}.36$. Sie entsprechen Spektraltypen von K5 bis M2. Die letzte Gruppe verhält sich also normal.

Zur Gruppe der Sterne mit UV-Überschuß gehören:

Bezeichnung	Farbenindex
S 5325	$+0^{m}.21$
S 5327	+0.48
T-Nr. 5	+0.24
S 5329	+0.27
S 5335	+0.33
S 5336	+0.32
T-Nr. 22	+0.65

Folgende Sterne mit unbekanntem Spektrum verhalten sich normal:

Bezeichnung	Farbenindex
S 5328	$+0^{m}.95$
S 5331	+1.24
S 5332	+1.34
S 5333	+1.06
T-Nr. 21	+1.02

Die mittleren Farbenindizes für diese Gruppen ergeben sich zu $0^{m}.36$ für die Sterne mit UV-Überschuß und $1^{m}.12$ für die übrigen Objekte. Diese Werte entsprechen den Spektraltypen Go und K8.

Wie aus Tab. 11 zu ersehen ist, stimmen die erhaltenen Mittelwerte für die Sterne mit bekanntem und unbekanntem Spektrum gut überein. Die in Klammern gesetzten Werte sind Größen, die den beobachteten Mittelwerten entsprechen würden. Bei den Sternen, deren Spektrum nicht bekannt ist und die keinen UV-Überschuß aufweisen, fehlen möglicherweise Objekte vom Typus Ge.

Tabelle 11

Sterne mit und ohne UV-Überschuß

Gegenüberstellung der Mittelwerte für Sterne mit bekanntem und unbekanntem Spektrum

Spektrum	Sterne mit UV-Überschuß: mittl. FI	Sterne mit UV-Überschuß: mittl. Spektr.	Sterne ohne UV-Überschuß: mittl. FI	Sterne ohne UV-Überschuß: mittl. Spektr.
bekannt	$0^{m}.37$ (Go)	K9 ($1^{m}.2$)	$0^{m}.93$ (K5)	K5 ($0^{m}.93$)
unbekannt	$0^{m}.36$ (Go)	—	$1^{m}.12$ (K8)	—

Auf 2 Beziehungen der Farbenindizes zu anderen Größen soll noch hingewiesen werden:

So besteht zwischen dem Farbenindex und der Intensität der Emissionslinien eine eigentlich ganz natürliche Abhängigkeit, auf die mich Wenzel [12] aufmerksam machte.

Je kleiner die Farbenindizes der K- und M-Sterne sind, d. h. je größer der UV-Überschuß dieser Objekte ist, um so stärker ist die Intensität der Emissionslinien.

Für die Sterne mit bekanntem Spektrum wurde für diese Untersuchung die von Joy [1] angegebene Intensität der Linien CaII (H, K), H_{δ} und HeI mit den in Sonneberg bestimmten Farbenindizes verglichen. Wenn auch die Werte beachtlich streuen, so geben doch die erhaltenen Mittelwerte für die Gruppen der Sterne mit und ohne UV-Überschuß die Beziehung eindeutig wieder.

In den Tabellen 12 und 13 und in der Abb. 4 sind die Farbenindizes der Sterne der einzelnen Gruppen den Intensitäten der Emissionslinien gegenübergestellt. Besonders auffällig ist die Beziehung bei der Linie H_{δ}. Während bei den Sternen mit kleinem Farbenindex die Intensität von H_{δ} zwischen 20 und 50 liegt, zeigt die Gruppe der sich normal verhaltenden Sterne mit Ausnahme von CX Tauri Werte zwischen 0 und 6.

Für die vorliegende Untersuchung wurden selbstverständlich die beiden Ge-Sterne nicht verwendet, da die Intensitätsverhältnisse bei den G-Sternen ganz anders als

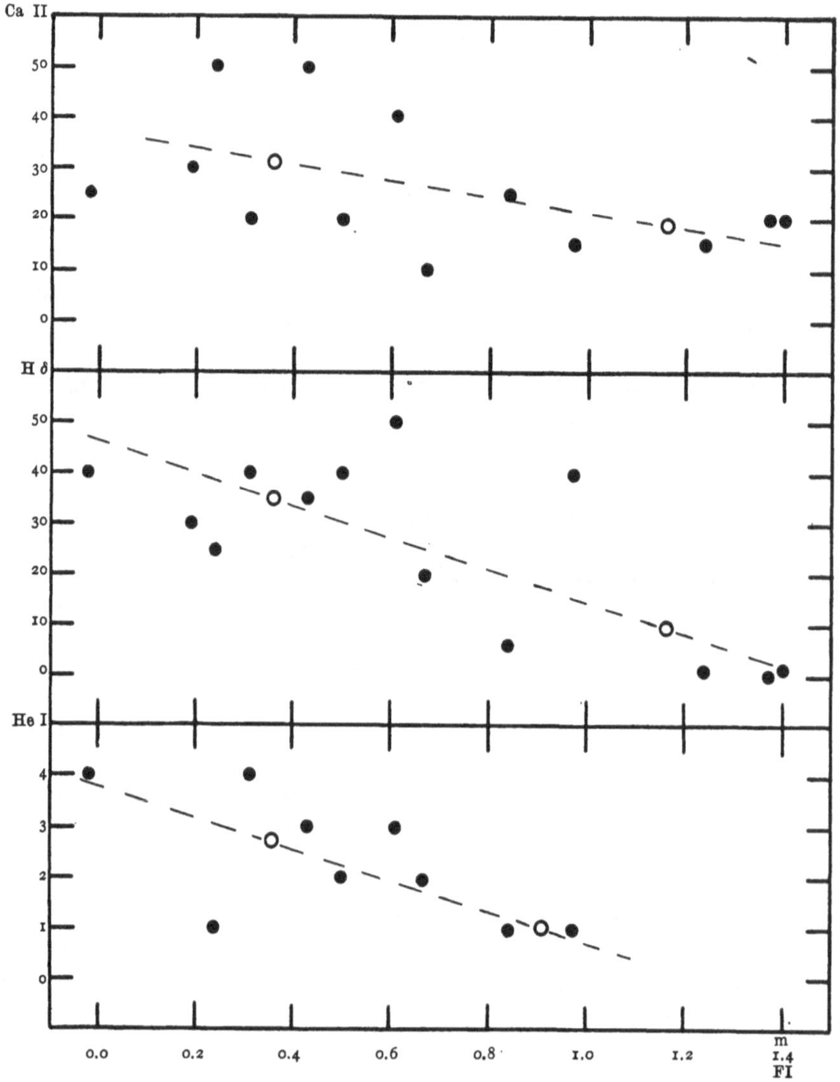

Abb. 4. Die Intensität der Emissionslinien und ihre Beziehung zu den Farbenindizes

bei den K- und M-Sternen liegen. Außerdem fehlt auch der Veränderliche SVS 1074 in der Aufstellung. Von ihm ist, wie aus Liste I b_1 zu ersehen ist, das Spektrum nicht bekannt.

Auch bei den Sternen mit unbekanntem Spektrum ist die Abhängigkeit der Farbenindizes von der Intensität der Emissionslinien angedeutet. Bei diesen Sternen wurden die Farbenindizes mit der Intensität der H_α-Emission verglichen. Während die Mittelwerte der Gruppen mit und ohne UV-Überschuß die Beziehung erkennen lassen, streuen auch hier die Einzelwerte beträchtlich. Neben den Schätzwerten für die Intensität der H_α-Emission sind wahrscheinlich auch einige unsicher bestimmte

Tabelle 12
Sterne mit UV-Überschuß und ihre Beziehung zur Intensität der Emissionslinien

Stern	FI	CaII	H_δ	HeI
CY Tau	$+0^m.67$	10	20	2
DD Tau	—0.02	25	40	4
BP Tau	+0.43	50	35	3
DE Tau	+0.24	50	25	1
DF Tau	+0.61	40	50	3
DH Tau	+0.31	20	40	4
DP Tau	+0.19	30	30	—
S 5339	+0.50	20	40	2

Tabelle 13
Sterne ohne UV-Überschuß und ihre Beziehung zur Intensität der Emissionslinien

Stern	FI	CaII	H_δ	HeI
CW Tau	$+0^m.84$	25	6	1
SVS 1073	+1.37	20	0	—
CX Tau	+0.97	15	40	1
CZ Tau	+1.40	20	1	—
DI Tau	+1.24	15	1	—

Farbenindizes Ursache der Streuung. In den Tabellen 14 und 15 und in Abb. 5 sind die einzelnen Werte zusammengefaßt.

In Tab. 16 sind alle erhaltenen Mittelwerte für die Intensitäten der Emissionslinien CaII, H_δ, HeI und H_α getrennt für die Sterne mit und ohne UV-Überschuß

Tabelle 14
Sterne mit UV-Überschuß und ihre Beziehung zur Intensität der H_α-Emission

Stern	FI	H_α	Stern	FI	H_α
S 5325	$+0^m.21$	4	S 5335	$+0^m.33$	5
S 5327	+0.48	3	S 5336	+0.32	2
T-Nr. 5	+0.24	3	T-Nr. 22	+0.65	2
S 5329	+0.27	5			

Tabelle 15
Sterne ohne UV-Überschuß und ihre Beziehung zur Intensität der H_α-Emission

Stern	FI	H_α	Stern	FI	H_α
S 5328	$+0^m.95$	4	S 5333	$1^m.06$	2
S 5331	+1.24	3	T-Nr. 21	1.02	3
S 5332	+1.34	2			

neben den dazugehörigen mittleren Farbenindizes aufgeführt. In den Abbildungen 4 und 5 erscheinen diese Werte als offene Kreise. In jedem Fall ist die Intensität der Emissionslinien bei den K- und M-Sternen mit kleinem Farbenindex größer, als bei den Sternen, deren Farbenindizes sich normal verhalten.

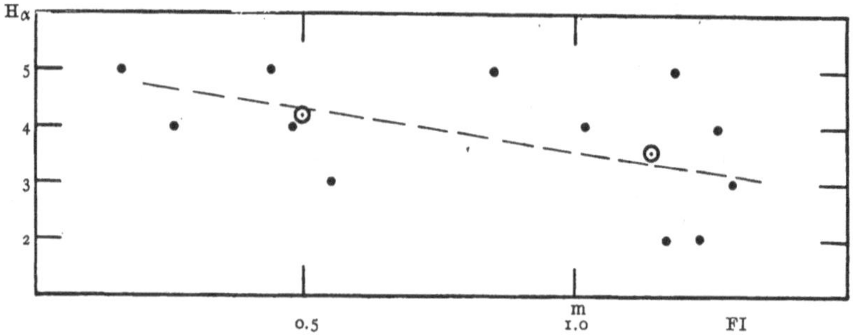

Abb. 5. Die Intensität der H_α-Emission und ihre Beziehung zu den Farbenindizes

Tabelle 16

Die Mittelwerte für die Intensität der Emissionslinien und ihre Beziehung zu den mittleren Farbenindizes

	Mittlere Intensität der Emissionslinien							
	CaII	mittl. FI	H_δ	mittl. FI	HeI	mittl. FI	H_α	mittl. FI
Sterne mit UV-Überschuß	30.6	$0^m.36$	35	$0^m.36$	2.7	$0^m.39$	3.4	$0^m.36$
Sterne ohne UV-Überschuß	19	$1^m.16$	9.6	$1^m.16$	1	$0^m.91$	2.8	$1^m.00$

Beachtlich ist auch, daß die Sterne mit UV-Überschuß die größeren negativen, von Joy aus den Emissionslinien ermittelten Radialgeschwindigkeiten [1] aufweisen. Die Werte streuen in dieser Gruppe zwischen -91 kmsec^{-1} und $+1$ kmsec^{-1}. Bei den Veränderlichen, deren Farbenindizes ein normales Verhalten zeigen, liegen die Radialgeschwindigkeiten zwischen $+19$ kmsec^{-1} und $+56$ kmsec^{-1}. Die Einzelwerte sind in Tabelle 17 und 18 aufgeführt. Die Abhängigkeit der Farbenindizes von der aus den Emissionslinien ermittelten Radialgeschwindigkeit ist auch aus Abb. 6 zu ersehen.

Tabelle 17

K- und M-Sterne mit UV-Überschuß und ihre Beziehung zur Radialgeschwindigkeit

Stern	FI	Radialgeschwindigkeit bestimmt aus Emissionsl.	Radialgeschwindigkeit bestimmt aus Absorptionsl.
CY Tau	$+0^m.67$	-19 kmsec^{-1}	-48 kmsec^{-1}
DD Tau	-0.02	-47 kmsec^{-1}	$+28$ kmsec^{-1}
BP Tau	$+0.43$	-29 kmsec^{-1}	-39 kmsec^{-1}
DE Tau	$+0.24$	-3 kmsec^{-1}	-13 kmsec^{-1}
DF Tau	$+0.61$	-32 kmsec^{-1}	$+53$ kmsec^{-1}
DH Tau	$+0.31$	-3 kmsec^{-1}	$+35$ kmsec^{-1}
DP Tau	$+0.19$	-91 kmsec^{-1}	—
S 5339	$+0.50$	$+1$ kmsec^{-1}	$+15$ kmsec^{-1}

Tabelle 18

K- und M-Sterne ohne UV-Überschuß und ihre Beziehung zur Radialgeschwindigkeit

Stern	FI	Radialgeschwindigkeit bestimmt aus Emissionsl.	Absorptionsl.
CW Tau	$+0\overset{m}{.}84$	—	—
SVS 1073	$+1.37$	$+19$ kmsec^{-1}	$+6$ kmsec^{-1}
CX Tau	$+0.97$	$+31$ kmsec^{-1}	-19 kmsec^{-1}
CZ Tau	$+1.40$	$+56$ kmsec^{-1}	$+44$ kmsec^{-1}
DI Tau	$+1.24$	$+37$ kmsec^{-1}	$+37$ kmsec^{-1}

Während die Beziehung zwischen den Farbenindizes und den aus den Emissionen bestimmten Radialgeschwindigkeiten bereits in den Einzelwerten deutlich zu erkennen ist, weisen bei den Absorptionslinien höchstens die Mittelwerte auf einen möglichen Zusammenhang hin (s. auch Tab. 19).

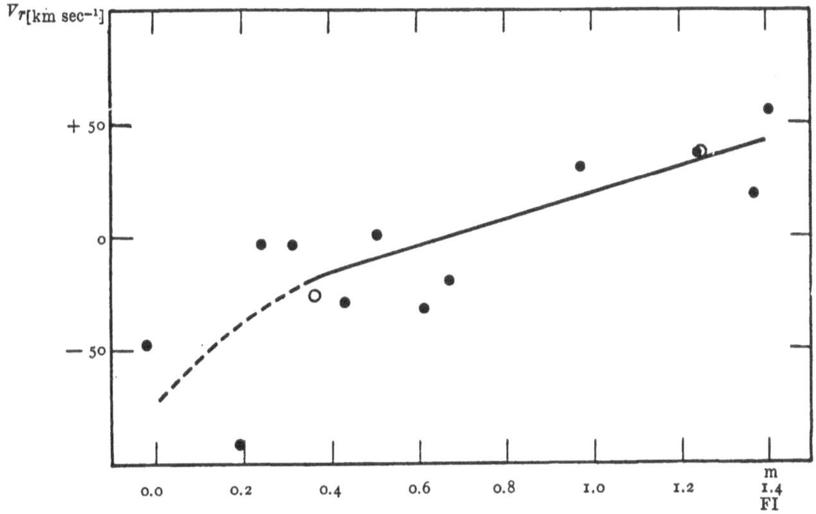

Abb. 6. Die Abhängigkeit der aus den Emissionslinien ermittelten Radialgeschwindigkeiten vom Farbenindex

Tabelle 19

Mittlere Radialgeschwindigkeiten und ihre Beziehung zu den mittleren Farbenindizes

	Mittlere Radialgeschwindigkeiten bestimmt aus Emissionsl.	mittl. FI	Absorptionsl.	mittl. FI
Sterne mit UV-Überschuß	-27.9 kmsec^{-1}	$+0\overset{m}{.}36$	$+4.4$ kmsec^{-1}	$+0\overset{m}{.}39$
Sterne ohne UV-Überschuß	$+35.7$ kmsec^{-1}	$+1\overset{m}{.}25$	$+17$ kmsec^{-1}	$+1\overset{m}{.}25$

Die Raumbewegung der Sterne ist nicht bekannt, so daß der auf atmosphärische Bewegungen entfallende Anteil der Geschwindigkeiten nicht festgelegt werden kann. Es ist aber anzunehmen, daß diese Geschwindigkeiten auf uns zu gerichtet sind und um so größer erscheinen, je mehr UV-Überschuß in den Sternen vorhanden ist.

Sternzählungen in der Umgebung der H_α-Sterne

Bei der Durchsicht der Sonneberger Schmidtspiegelaufnahmen der Regionen MH_α-265 und MH_α-259 wurde bemerkt, daß sich die Sterne mit starker H_α-Intensität überwiegend in Gegenden starker photographischer Absorption befinden. Veränderliche mit schwacher H_α-Emission hingegen sind in sternreicheren Gebieten anzutreffen. Dieser augenscheinliche Befund wurde eingehend untersucht und geprüft. Es ergab sich tatsächlich eine Beziehung zwischen der Intensität der H_α-Emission und der Anzahl der die H_α-Objekte umgebenden Feldsterne. Die Zahl der Feldsterne erscheint um so größer, je schwächer die Intensität der H_α-Emission beobachtet wurde. Für die Untersuchung, bei der mit verschieden großen Zählfeldern die Umgebungssterne der H_α-Objekte im Orion- und Taurusgebiet gezählt und den H_α-Intensitäten gegenübergestellt wurden, standen vorerst nur Platten der Schmidtkamera und des 400 mm-Astrographen zur Verfügung. In den letzten Jahren konnten die Zählungen auf den Blättern des Palomar-Atlasses [17] (Blauaufnahmen) wiederholt und wesentlich erweitert werden. Auf den Palomar-Karten wurden die Umgebungen von insgesamt 99 H_α-Sternen aus den Listen von Joy [1], Haro, Iriarte und Chavira [2] und G. A. Manova [3] ausgezählt. Auf Sonneberger Platten hingegen konnten nur 56 Sterne der Regionen MH_α-259 und MH_α-265 erfaßt werden.

Für die Zählungen auf Sonneberger Aufnahmen wurden quadratische Zählfelder verwendet. Im Palomar-Atlas wurde mit runden Feldern gezählt. Dabei stand der H_α-Stern immer in der Mitte des Zählfeldes. Die Zählfeldgrößen sind in Tab. 20 aufgeführt. Die Flächen sind in Quadratbogenminuten und für die Orion- und Taurusgebiete getrennt unter Berücksichtigung ihrer Entfernungen (370 pc und 170 pc) in pc^2 angegeben. Auch die quadratischen Zählfelder sind mit angeführt.

Tabelle 20

Die für die Zählungen verwendeten Zählfelder und ihre Größen

Zählfeld Nr.	Form des Feldes	Größe in Bogenmin.^{2}	Größe in pc^2	
			Taurus	Orion
F0	rund	2.7	—	0.031
F1	rund	9.6	—	0.116
F2	rund	25.5	—	0.296
F3	rund	67.9	0.151	0.715
F4	rund	115.0	0.281	—
F5	quadrat.	11×11	0.296	—
F6	quadrat.	5×5	—	0.289

Die geschätzten Intensitäten der H_α-Emission werden von Haro und Mitarbeitern und auch von G. A. Manova in 5 Stufen angegeben. Dabei bedeutet

$H_\alpha 5$ = sehr starke H_α-Emission
$H_\alpha 4$ = starke H_α-Emission
$H_\alpha 3$ = mittlere H_α-Emission
$H_\alpha 2$ = schwache H_α-Emission
$H_\alpha 1$ = H_α-Emission ist zweifelhaft

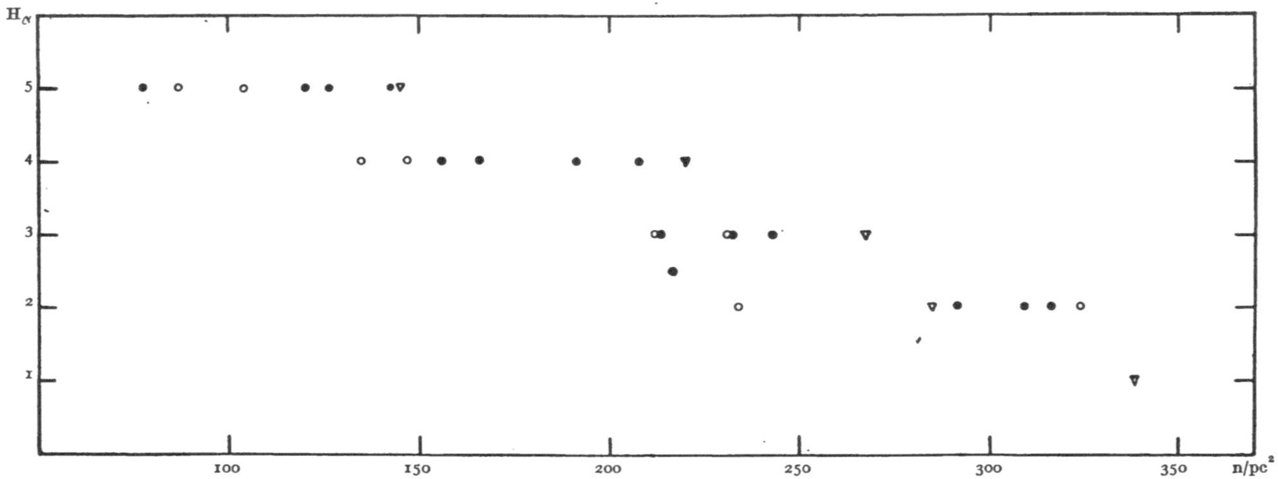

Abb. 7. Die Beziehung der H_α-Intensität zur Anzahl der Umgebungssterne. Mittelwerte aus den Zählungen auf den Palomar-Karten.

○ = Sterne der Taurus-Region MH_α-259 ● = Sterne der Orion-Region MH_α-265 ▽ = Sterne in der Umgebung von FU Orionis.

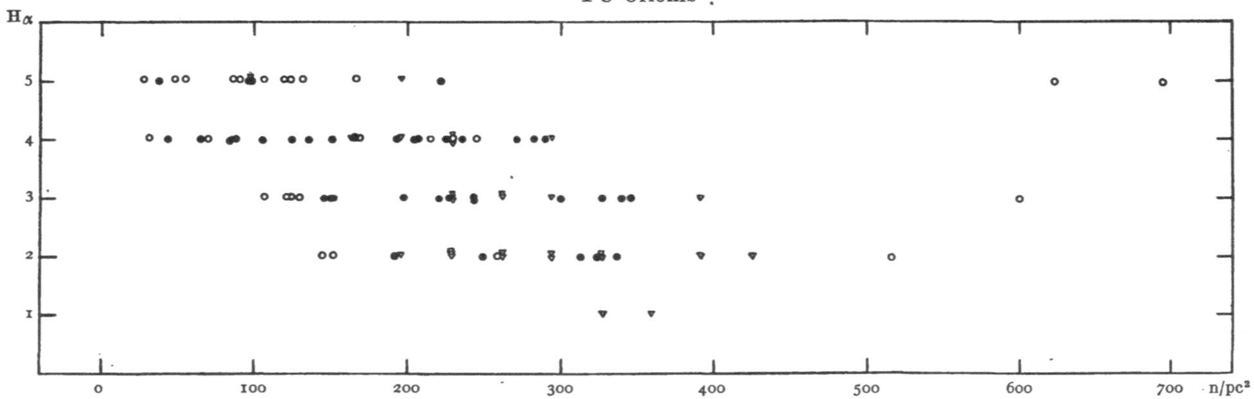

Abb. 8. Die Beziehung der H_α-Intensität zur Anzahl der Umgebungssterne. Einzelwerte aus den Zählungen auf den Palomar-Karten (Zeichenerklärung siehe Abb. 7).

Eine Reduktion der Intensitätsstufen von MANOVA auf die von HARO wurde unterlassen, weil nur eine relativ kleine Zahl von H_α-Objekten von beiden Autoren gleichzeitig untersucht wurde. Außerdem wird von MANOVA bei einigen Sternen die H_α-Intensität mit 0 angegeben, obwohl HARO und Mitarbeiter mittlere und starke Intensitäten fanden. Möglicherweise liegen diese Objekte bei MANOVA an der Sichtbarkeitsgrenze.

In der nachfolgenden Liste III sind alle Sterne aufgeführt, deren Umgebung mit den verschiedenen Zählfeldern nach Umgebungssternen durchgezählt wurde. Die H_α-Sterne sind dabei nach der Intensität ihrer H_α-Emission zusammengefaßt. Außerdem wurden die erhaltenen Sternzahlen auf die Anzahl der Sterne pro pc^2 (n/pc^2) umgerechnet, um die Zählungen im Taurus und Orion miteinander vergleichen zu können. Aus den Mittel- und Einzelwerten jeder Reihe eines Zählfeldes geht bereits

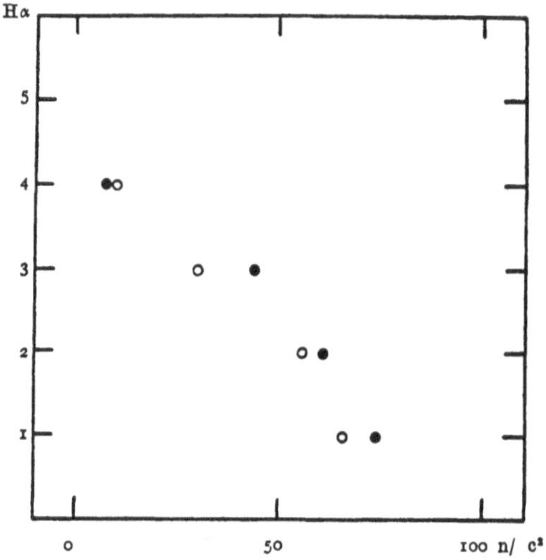

Abb. 9. Die Beziehung der H_α-Intensität zur Anzahl der Umgebungssterne. Mittelwerte aus den Zählungen auf Sonneberger Platten (Zeichenerklärung siehe Abb. 7).

die Abhängigkeit zwischen der Anzahl der Umgebungssterne und der Intensität der H_α-Emission hervor. In Abb. 7 sind alle Mittelwerte der verschiedenen auf Palomar-Karten der Regionen MH_α-259 und MH_α-265 erhaltenen Zählfeldreihen reduziert auf n/pc^2 der H_α-Intensität gegenübergestellt. In Abb. 8 folgt schließlich die Darstellung der Einzelwerte. Dabei wurde für die H_α-Sterne, deren Umgebungen mit mehreren Zählfeldern durchgezählt wurden, die mittlere Anzahl der Sterne pro pc^2 aus allen Zählungen gebildet. Dadurch erscheint jeder Stern nur einmal in der Darstellung.

Abb. 9 und Liste III,2 geben das Ergebnis der Zählungen auf Sonneberger Platten wieder. Multipliziert man die erhaltenen Sternzahlen mit dem Faktor 3.8, so passen sie sich gut den Werten aus der Zählung auf den Palomar-Karten an.

Die Streuung der Einzelwerte in Abb. 8 kann damit erklärt werden, daß die scheinbare Verteilung der Feldsterne in Dunkelgebieten nicht homogen ist und daß die gegebenen H_α-Intensitäten nur Schätzwerte sind.

Mit Sicherheit genügen in Abb. 8 die Sterne T-Nr. 27 und T-Nr. 29 = S 5337 der Darstellung nicht. Beide Sterne haben eine geschätzte H_α-Intensität von 5. Nach

Angaben von HARO und Mitarbeitern handelt es sich bei T-Nr. 29 = S 5337 um einen Emissionsnebel, bei dem die Linien N1, N2 beobachtet wurden.

Die ermittelten Zählwerte von T-Nr. 27 wurden mehrmals überprüft. In der nächsten Umgebung des Sterns befinden sich mehr Feldsterne als bei den Objekten mit der H_α-Intensität 2. Beide Sterne wurden bei der Bildung von Mittelwerten nicht berücksichtigt.

Auch die Veränderlichen T-Nr. 21 und T-Nr. 22 stehen mit $n'/pc^2 = 600.5$ und $n'/pc^2 = 516.5$ weit außerhalb. Immerhin fällt bei diesen Objekten die große Zahl der Umgebungssterne mit der mittleren und schwachen Intensität der H_α-Emission zusammen. Beide Sterne stehen dicht beieinander. Die zu großen Sternzahlen werden bei diesen Sternen durch sehr schwache Umgebungssterne hervorgerufen. Bei Zählungen auf Sonneberger Platten wurden diese sehr schwachen Sterne nicht erfaßt, so daß sich bei der Reduktion der Zählwerte auf die der Palomar-Karte ein normaler Wert von $n'/pc^2 = 400$ ergibt.

Die Sterne aus der Liste von G. A. MANOVA liegen zum Teil in relativ sternreichen Gebieten zwischen CO Orionis und FU Orionis. Die Dunkelgebiete sind in dieser

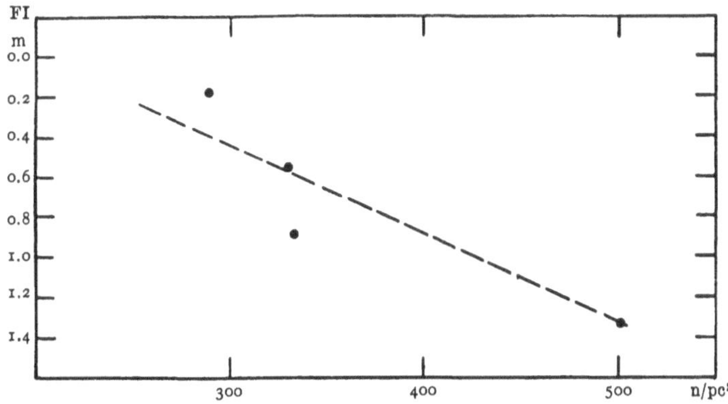

Abb. 10. Die Farbenindizes der Taurus-Sterne aus der Liste von JOY und die Anzahl der Umgebungssterne. Mittelwerte aus den Zählungen auf den Palomar-Karten.

Gegend von sehr wechselnder Struktur und z. T. sehr kleinem Ausmaß. Deshalb wurden auch die Umgebungen dieser H_α-Objekte mit dem kleinsten Zählfeld F0 = 2.7 Bogenminuten² ausgezählt. Versuche mit den Zählfeldern F1, F2 und F3 zeigten, daß sich in diesem Gebiet mit zunehmender Feldgröße die Feldsternzahlen der einzelnen Intensitätsstufen einander angleichen, weil mit zunehmender Feldsternzahl die sehr kleinen sternarmen Regionen zahlenmäßig unterdrückt werden. Immerhin ist mit dem Zählfeld F1 die Abhängigkeit der H_α-Intensität von der Zahl der Umgebungssterne besonders in den Intensitätsstufen $H_\alpha 5$ und $H_\alpha 4$ erkennbar.

Für die Emissionslinien-Sterne der Region MH_α-259 aus der Liste von JOY liegen keine Intensitäten der H_α-Emission vor. (Für die Sterne der Region MH_α-265 wurden sie nachträglich von MANOVA bestimmt.) Da aber ein Zusammenhang zwischen der Intensität der H_α-Emission und dem Farbenindex dieser Sterne besteht, wobei die stärkste H_α-Emission bei den Veränderlichen mit großem UV-Überschuß zu erwarten ist, läßt sich die Beziehung der H_α-Intensität zu der Anzahl der Umgebungssterne über die andere Abhängigkeit auch bei diesen Veränderlichen prüfen. Abb. 10 und Liste III/1/I/b enthalten die Gegenüberstellung von Farbenindizes der Sterne aus der

Taurusregion und der Anzahl der Umgebungssterne. Die Ge-Sterne wurden in diese Untersuchung nicht mit einbezogen.

Auch auf den Rotaufnahmen des Palomar-Atlasses wurde die Beziehung zwischen der H_α-Intensität und der Anzahl der die H_α-Objekte umgebenden Feldsterne bestätigt. Die Möglichkeit, daß diese Abhängigkeit durch Scheineffekte hervorgerufen wird, wurde erörtert, so z. B., daß etwa aus beobachtungstechnischen Gründen bei schwachen, d. h. durch Absorption stark beeinträchtigten Objekten überhaupt nur die Anwesenheit übernormal starker H_α-Linien entdeckt wurde, bei helleren Objekten dagegen auch relativ schwache Emissionen. Es besteht aber kein Zusammenhang zwischen scheinbarer Helligkeit und geschätzter H_α-Intensität, auch nicht zwischen der Anzahl der Umgebungssterne und der scheinbaren Helligkeit der H_α-Objekte, so daß angenommen werden muß, daß die H_α-Intensität ein Indikator für die photographische Absorption der Dunkelgebiete ist.

Liste III

Sternzählungen in der Umgebung der H_α-Sterne

1. ZÄHLUNGEN AUF BLÄTTERN DES PALOMAR-ATLASSES

I. Region MH_α-259 (Taurus)

a) Sterne aus der Liste von HARO, IRIARTE und CHAVIRA

Benutzte Zählfelder: F_3, F_4

Intensität der H_α-Emission: 5

Stern		gezählt auf d. Palomar-Karte O-Nr.	Anzahl der gez. Sterne im Feld		Anzahl der Sterne pro pc² im Feld		Mittel aus n'_3 u. n'_4
T-Nr.	Bezeichnung		3 n_3	4 n_4	3 n'_3	4 n'_4	
6	S 5329	228	19	39	125	139	132
7	S 5330	228	7	14	46	50	48
10		228	4	8	27	29	27.5
12		228	17	18	113	64	85.5
17	S 5334	228	24	25	159	89	124
18	S 5335	228	22	26	146	93	119.5
19		228	17	28	113	100	106.5
25	CI Tau	228	25	47	166	167	166.5
27		228	(85)*	(192)*	(563)*	(683)*	(623)*
29	S 5337	228	(100)*	(205)*	(662)*	(729)*	(695.5)*
30	S 5338	228	15	23	99	82	90.5
31		228	8	16	53	57	55
		Summe	158	244	1047	870	955.0
		Mittel	15.8	24.4	104.7	87.0	95.5

* Die in Klammern gesetzten Werte wurden nicht mitgezählt. Erläuterungen siehe Text.

Intensität der H_α-Emission: 4

Stern T-Nr.	Stern Bezeichnung	gezählt auf d. Palomar-Karte O-Nr.	Anzahl der gez. Sterne im Feld 3 n_3	Anzahl der gez. Sterne im Feld 4 n_4	Anzahl der Sterne pro pc² im Feld 3 n'_3	Anzahl der Sterne pro pc² im Feld 4 n'_4	Mittel aus n'_3 u. n'_4
1	S 5325	1468	6	6	40	21	30.5
2	S 5326	1468	38	50	252	178	215
4	S 5328	1454	41	61	272	217	244.5
13		228	16	18	106	64	85
23		228	13	24	86	85	85.5
28		228	24	50	159	178	168.5
33		228	28	77	185	274	229.5
35		1461	12	17	80	61	70
		Summe	178	303	1180	1078	1128.5
		Mittel	22.3	37.9	147.5	134.8	141.1

Intensität der H_α-Emission: 3

Stern T-Nr.	Stern Bezeichnung	gezählt auf d. Palomar-Karte O-Nr.	Anzahl der gez. Sterne im Feld 3 n_3	Anzahl der gez. Sterne im Feld 4 n_4	Anzahl der Sterne pro pc² im Feld 3 n'_3	Anzahl der Sterne pro pc² im Feld 4 n'_4	Mittel aus n'_3 u. n'_4
3	S 5327	1454	15	32	99	114	106.5
5		228	36	70	238	249	243.5
8	S 5331	228	17	38	113	135	124
16		228	22	32	146	114	130
21		228	90	170	596	605	600.5
26		228	10	50	66	178	122
		Summe	190	392	1258	1395	1326.5
		Mittel	31.7	65.3	209.7	232.5	221.1

Intensität der H_α-Emission: 2

Stern T-Nr.	Stern Bezeichnung	gezählt auf d. Palomar-Karte O-Nr.	Anzahl der gez. Sterne im Feld 3 n_3	Anzahl der gez. Sterne im Feld 4 n_4	Anzahl der Sterne pro pc² im Feld 3 n'_3	Anzahl der Sterne pro pc² im Feld 4 n'_4	Mittel aus n'_3 u. n'_4
9	S 5332	228	29	92	192	327	259.5
11	S 5333	228	14	59	93	210	151.5
20	S 5336	228	49	90	325	320	322.5
22		228	70	160	464	569	516.6
32		228	15	54	99	192	145.5
		Summe	177	455	1173	1618	1395.5
		Mittel	35.4	91.0	234.6	323.6	279.1

b) Sterne aus der Liste von JOY

Benutzte Zählfelder: F_3, F_4

Farbenindex: $0^m_.0$—$0^m_.35$

Stern		gezählt auf Palomar-Karte O-Nr.	Anzahl der gez. Sterne im Feld			Anzahl der Sterne pro pc² im Feld		Mittel aus n'_3 u. n'_4
MH$_\alpha$-259 Nr.	Bezeichnung		FI	3 n_3	4 n_4	3 n'_3	4 n'_4	
6 s	DD Tau	1454	$-0^m_.02$	10	25	66	89	77.5
9 npr	DH Tau	228	+0.31	100::	143	662::	509	585.5
19	DP Tau	1461	0.19	16	19	106	68	87
8	DE Tau	1454	0.24	71	96	470	342	406
		Summe	$0^m_.72$	197	283	1304	1008	1156.0
		Mittel	$0^m_.18$	49.2	70.8	326.0	252.0	289.0

Farbenindex: $0^m_.35$—$0^m_.70$

Stern		gezählt auf Palomar-Karte O-Nr.	Anzahl der gez. Sterne im Feld			Anzahl der Sterne pro pc² im Feld		Mittel aus n'_3 u. n'_4
MH$_\alpha$-259 Nr.	Bezeichnung		FI	3 n_3	4 n_4	3 n'_3	4 n'_4	
5	CY Tau	1454	$0^m_.67$	3	7	20	25	22.5
7	BP Tau	1454	0.43	98	162	649	577	613
11	DF Tau	228	0.61	83	129	550	459	504.5
24	S 5339	1461	0.50	26	53	172	189	180.5
		Summe	$2^m_.21$	210	351	1391	1250	1320.5
		Mittel	$0^m_.55$	52.5	87.8	387.8	312.5	330.1

Farbenindex: $0^m_.70$—$1^m_.05$

Stern		gezählt auf Palomar-Karte O-Nr.	Anzahl der gez. Sterne im Feld			Anzahl der Sterne pro pc² im Feld		Mittel aus n'_3 u. n'_4
MH$_\alpha$-259 Nr.	Bezeichnung		FI	3 n_3	4 n_4	3 n'_3	4 n'_4	
3	CW Tau	1468	$0^m_.84$	6	9	40	32	36
4	SVS 1074	1468	0.87	23	28	152	100	126
22	CI Tau	228	0.97	137	215	907	765	836
		Summe	$2^m_.68$	166	252	1099	897	998
		Mittel	$0^m_.89$	55.3	84.0	366.3	299.0	332.7

Farbenindex: $1^m.05$—$1^m.40$

Stern MH$_\alpha$-259 Nr.	Bezeichnung	gezählt auf Palomar-Karte O-Nr.	Anzahl der gez. Sterne im Feld: FI	3 n_3	4 n_4	Anzahl der Sterne pro pc² im Feld: 3 n'_3	4 n'_4	Mittel aus n'_3 u. n'_4
23	SVS 1073	228	$1^m.37$	119	222	788	790	789
6 n	CZ Tau	1454	1.40	11	21	73	75	74
9 sf	DI Tau	228	1.24	111	155	735	552	643.5
		Summe	$4^m.01$	241	398	1596	1417	1506.5
		Mittel	$1^m.34$	80.3	132.7	532.0	472.3	502.2

II. Region MH$_\alpha$ -265 (Orion)

a) Sterne aus der Liste von JOY

Benutztes Zählfeld: F_3

Intensität der H$_\alpha$-Emission: 5

Stern MH$_\alpha$-265	Bezeichnung	gezählt auf Palomar-Karte O-Nr.	Anzahl der gez. Sterne im Feld 3 n_3	Anzahl der Sterne pro pc² im Feld 3 n'_3
2	GW Ori	1267	69	97
5	SVS 1092	1267	27	38
16	HI Ori	1267	70	98
		Summe	166	233
		Mittel	55.3	77.7

Intensität der H$_\alpha$-Emission: 4

Stern MH$_\alpha$-265	Bezeichnung	gezählt auf Palomar-Karte O-Nr.	Anzahl der gez. Sterne im Feld 3 n_3	Anzahl der Sterne pro pc² im Feld 3 n'_3
3		1267	108	151
6	GX Ori	1267	138	193
13	HK Ori	1267	60	84
12	SVS 1095	1267	169	236
		Summe	475	664
		Mittel	118.8	166.0

Intensität der H_α-Emission: 3 und 2

Stern		gezählt auf Palomar-Karte O-Nr.	Anzahl der gez. Sterne im Feld 3 n_3	Anzahl der Sterne pro pc² im Feld 3 n'_3
MH_α-265 Nr.	Bezeichnung			
7	GY Ori	1267	174	243
9	SVS 1094	1267	137	192
		Summe	311	435
		Mittel	155.5	217.5

b) Sterne aus der Liste von Haro, Iriarte und Chavira

Benutzte Zählfelder: F_1, F_2, F_3; Intensität der H_α-Emission: 5

Stern		gezählt auf Palomar-Karte O-Nr.	Anzahl der gez. Sterne im Feld			Anzahl der Sterne pro pc² im Feld			Mittel aus n'_1, n'_2 u. n'_3
T-Nr.	Bezeichnung		1 n_1	2 n_2	3 n_3	1 n'_1	2 n'_2	3 n'_3	
64		415	3	13	32	26	44	45	38.3
70		415	25	62	172	216	210	241	222.3
		Summe	28	75	204	242	254	286	260.6
		Mittel	14.0	37.5	102.0	121.0	127.0	143.0	130.3

Intensität der H_α-Emission: 4

Stern		gezählt auf Palomar-Karte O-Nr.	Anzahl der gez. Sterne im Feld			Anzahl der Sterne pro pc² im Feld			Mittel aus n'_1, n'_2 u. n'_3
T-Nr.	Bezeichnung		1 n_1	2 n_2	3 n_3	1 n'_1	2 n'_2	3 n'_3	
43		1267	11	29	90	95	98	126	106.3
44	CO Ori	1267	24	64	142	207	217	198	207.3
46	S 5309	1267	14	39	111	121	132	155	136.0
48		1267	22	62	153	190	210	214	204.7
51	S 5311	1267	24	66	176	207	223	246	225.3
52	S 5312	1267	4	13	35	35	44	49	42.7
53	S 5313	1267	7	19	50	60	64	70	64.7
54		415	9	26	70	78	88	98	88
55	S 5314	415	13	41	89	112	139	125	125.3
57	S 5316	415	30	90	219	259	305	306	290
62		415	24	65	182	207	220	255	227.3
63	S 5318	415	29	79	213	250	267	298	271.7
65		415	18	44	138	155	149	193	165.7
71	S 5322	415	25	86	245	216	291	343	283.3
		Summe	254	723	1913	2191	2447	2676	2438.3
		Mittel	18.1	51.6	136.7	156.5	174.8	191.1	174.2

Intensität der H_α-Emission: 3

Stern T-Nr.	Stern Bezeichnung	gezählt auf Palomar-Karte O-Nr.	Anzahl der gez. Sterne im Feld 1 n_1	2 n_2	3 n_3	Anzahl der Sterne pro pc^2 im Feld 1 n'_1	2 n'_2	3 n'_3	Mittel aus n'_1, n'_2 u. n'_3
42		1267	16	44	120	138	149	168	151.7
45	S 5308	1267	27	60	164	233	203	229	221.7
49	V 370 Ori	1267	27	65	164	233	220	229	227.3
50		1267	20	57	163	173	193	228	198
56	S 5315	415	15	52	108	129	176	151	152
59	S 5317	415	15	46	111	129	156	155	146.7
66	S 5319	415	29	92	242	250	311	339	300
67	S 5320	415	40	106	239	345	359	334	346.
69	S 5321	415	21	65	180	181	220	252	326.5
72	S 5323	415	38	101	251	328	342	351	340.3
		Summe	248	688	1742	2139	2329	2436	2410.2
		Mittel	24.8	68.8	174.2	213.9	232.9	243.6	241.0

Intensität der H_α-Emission: 2

Stern T-Nr.	Stern Bezeichnung	gezählt auf Palomar-Karte O-Nr.	Anzahl der gez. Sterne im Feld 1 n_1	2 n_2	3 n_3	Anzahl der Sterne pro pc^2 im Feld 1 n'_1	2 n'_2	3 n'_3	Mittel aus n'_1, n'_2 u. n'_3
47	S 5310	1267	28	70	192	242	237	269	249.3
61	S 3921	415	37	109	230	319	369	322	336.7
68	S 3922	415	35	98	241	302	332	337	323.7
73	S 5324	415	35	97	221	302	328	309	313
		Summe	135	374	884	1165	1266	1237	1222.7
		Mittel	33.8	93.5	221.0	291.3	316.5	309.3	305.7

III. Umgebung von FU Orionis

Sterne aus der Liste von G. A. MANOVA

Benutztes Zählfeld: F_0; Intensität der H_α-Emission: 5

Stern M-Nr.	Stern Bezeichnung	gezählt auf Palomar-Karte O-Nr.	Anzahl der gez. Sterne im Feld o n_0	Anzahl der Sterne pro pc^2 im Feld o n'_0
15		415	6	196
20	S 5397	415	3	98
		Summe	9	294
		Mittel	4.5	147.0

Intensität der H_α-Emission: 4

Stern M-Nr.	Stern Bezeichnung	gezählt auf Palomar-Karte O-Nr.	Anzahl der gez. Sterne im Feld o n_0	Anzahl der Sterne pro pc^2 im Feld o n'_0
9		415	5	163
13	S 5392	415	9	294
14	S 3925	1493	7	229
21	QR Ori	415	7	229
22	S 5398	415	7	229
28	S 5403	1493	6	196
		Summe	41	1340
		Mittel	6.8	223.3

Intensität der H_α-Emission: 3

Stern M-Nr.	Stern Bezeichnung	gezählt auf Palomar-Karte O-Nr.	Anzahl der gez. Sterne im Feld o n_0	Anzahl der Sterne pro pc^2 im Feld o n'_0
2		415	8	261
5	S 5388	415	8	261
17	S 5394	415	7	229
18	S 5395	415	12	392
19	S 5396	415	7	229
25	S 5400	415	9	294
32	S 5406	1493	7	229
		Summe	58	1895
		Mittel	8.3	270.7

Intensität der H_α-Emission: 2

Stern M-Nr.	Stern Bezeichnung	gezählt auf Palomar-Karte O-Nr.	Anzahl der gez. Sterne im Feld o n_0	Anzahl der Sterne pro pc² im Feld o n'_0
3	S 5386	415	8	261
7	S 5390	415	7	229
8		415	7	229
10		1493	10	327
11	S 3723	415	9	294
12	S 5391	415	9	294
16	S 5393	415	6	196
23		415	8	261
24	S 5399	415	13	425
26	S 5401	415	10	327
27	S 5402	1493	12	392
30		415	7	229
		Summe	106	3464
		Mittel	8.8	288.7

Intensität der H_α-Emission: 1

Stern M-Nr.	Stern Bezeichnung	gezählt auf Palomar-Karte O-Nr.	Anzahl der gez. Sterne im Feld o n_0	Anzahl der Sterne pro pc² im Feld o n'_0
4	S 5387	415	11	359
29	S 5404	1493	10	327
		Summe	21	686
		Mittel	10.5	343.0

2. ZÄHLUNGEN AUF PLATTEN DER SONNEBERGER SCHMIDTKAMERA

I. Region MH_α-259 (Taurus)

Sterne aus der Liste von HARO, IRIARTE und CHAVIRA

Benutztes Zählfeld: F_5

Intensität der H_α-Emission: 5

Stern T-Nr.	Stern Bezeichnung	gezählt auf der Platte SC	Anzahl der gez. Sterne im Feld 5 n_5	Anzahl der Sterne pro pc² im Feld 5 n'_5
6	S 5329	457	11	37
7	S 5330	457	2	7
10		457, 1104, 1168	6	20
12		1104, 1168	11	37
17	S 5334	1104, 1168	16	54
18	S 5335	1104, 1168	15	51
19		1104, 1168	15	51
29	S 5337	1104, 1168	(40)*	(135)*
30	S 5338	1104, 1168	8	27
31		1104, 1168	8	27
		Summe	92	311
		Mittel	10.2	34.6

* Die in Klammern gesetzten Werte wurden nicht mitgezählt. Erläuterungen siehe Text.

Intensität der H_α-Emission: 4

Stern T-Nr.	Stern Bezeichnung	gezählt auf der Platte SC	Anzahl der gez. Sterne im Feld 5 n_5	Anzahl der Sterne pro pc² im Feld 5 n'_5
1	S 5325	1123	4	14
2	S 5326	1123	21	71
4	S 5328	1123	19	64
13		1104, 1168	12	41
33		1104, 1168	12	41
35		1104, 1168	10	34
		Summe	78	265
		Mittel	13.0	44.2

Intensität der H_α-Emission: 3

Stern T-Nr.	Stern Bezeichnung	gezählt auf der Platte SC	Anzahl der gez. Sterne im Feld 5 n_5	Anzahl der Sterne pro pc² im Feld 5 n'_5
3	S 5327	1123	13	44
5		1123, 457	18	61
8	S 5331	457	20	68
16		1104, 1168	22	74
21		1104, 1168	31	105
		Summe	104	352
		Mittel	20.8	70.4

Intensität der H_α-Emission: 2

Stern T-Nr.	Stern Bezeichnung	gezählt auf der Platte SC	Anzahl der gez. Sterne im Feld 5 n_5	Anzahl der Sterne pro pc² im Feld 5 n'_5
9	S 5332	457	37	125
11	S 5333	1104, 1168	19	64
20	S 5336	1104, 1168	28	95
22		1104, 1168	31	105
32		1104, 1168	18	61
		Summe	133	450
		Mittel	26.6	90.0

II. Region MH_α-265 (Orion)

Sterne aus der Liste von Haro, Iriarte und Chavira

Benutztes Zählfeld: F_6

Intensität der H_α-Emission: 5

Stern T-Nr.	Stern Bezeichnung	gezählt auf der Platte SC	Anzahl der gez. Sterne im Feld 6 n_3	Anzahl der Sterne pro pc² im Feld 6 n'_6
64		1156	1	3
70		1156	14	48
		Summe	15	51
		Mittel	7.5	25.5

Intensität der H_α-Emission: 4

Stern T-Nr.	Stern Bezeichnung	gezählt auf der Platte SC	Anzahl der gez. Sterne im Feld 6 n_6	Anzahl der Sterne pro pc^2 im Feld 6 n'_6
42		1156	5	17
43		1156	10	35
44	CO Ori	1156	17	59
46	S 5309	1156	12	42
48		1156	12	42
51	S 5311	1156	25	87
52	S 5312	1156	2	7
53	S 5313	1156	4	14
54		1156	2	7
55	S 5314	1156	3	10
57	S 5316	1156	13	45
62		1156	14	48
63	S 5318	1156	14	48
65		1156	7	24
71	S 5322	1156	28	97
		Summe	168	582
		Mittel	11.2	38.8

Intensität der H_α-Emission: 3

Stern T-Nr.	Stern Bezeichnung	gezählt auf der Platte SC	Anzahl der gez. Sterne im Feld 6 n_6	Anzahl der Sterne pro pc^2 im Feld 6 n'_6
45	S 5308	1156	16	55
49	V 370 Ori	1156	17	59
50		1156	21	73
56	S 5315	1156	3	10
59	S 5317	1156	3	10
66	S 5319	1156	23	80
67	S 5320	1156	29	100
69	S 5321	1156	18	62
72	S 5323	1156	17	59
		Summe	147	508
		Mittel	16.3	56.4

Intensität der H_α-Emission: 2

Stern		gezählt auf der Platte SC	Anzahl der gez. Sterne im Feld 6 n_6	Anzahl der Sterne pro pc^2 im Feld 6 n'_6
T-Nr.	Bezeichnung			
47	S 5310	1156	19	66
61	S 3921	1156	27	93
68	S 3922	1156	32	111
73	S 5324	1156	30	104
		Summe	108	374
		Mittel	27.0	93.5

ZUSAMMENFASSUNG

Die vorliegenden Untersuchungen ergeben nur ein vorläufiges Bild über die Natur der RW-Aurigae-Sterne in den Dunkelgebieten. Die bearbeiteten Emissionsliniensterne des Taurus- und des Oriongebietes zeigen gleiches Verhalten und gleiche Eigenschaften, so daß darin allgemeine Merkmale des Types vermutet werden können.

Bemerkenswert erscheinen besonders die verschiedenen Beziehungen zur Intensität der H_α-Emission.

Die Ergebnisse der Arbeit können wie folgt zusammengefaßt werden:

1. Von 103 beobachtbaren H_α-Sternen sind nur 5 auf dem vorliegenden Sonneberger Plattenmaterial unveränderlich. Der Verdacht liegt nahe, daß alle in den untersuchten Dunkelwolken befindlichen H_α-Sterne veränderlich sind und zu den von CHOLOPOW gegebenen T-Assoziationen gehören. Wahrscheinlich sind aber die Einzelassoziationen Taurus T1 und T3 sowie Orion T1 und T4 nur Teile einer Gesamtassoziation im jeweiligen Gebiet.

2. Die untersuchten Veränderlichen gehören zum RW-Aurigae-Typus. Ihr Lichtwechsel ist unregelmäßig, wobei Abschnitte größter Ruhe oder geringen Lichtwechsels neben solchen großer Aktivität beobachtet wurden. Die Sterne bevorzugen z. T. Ruhelagen, von denen aus die Helligkeitsschwankungen erfolgen. Helligkeitsänderungen von $0^m.5$ bis $1^m.5$ in $0^d.03$ bis $0^d.05$ wurden festgestellt. Die mittlere Amplitude aller untersuchten Sterne beträgt $1^m.4$.

   Zwischen der Schnelligkeit der Helligkeitsänderungen und der Intensität der H_α-Emission der Sterne ist eine Beziehung angedeutet.

3. Die Untersuchungen an Emissionsliniensternen der Region MH_α-259 zeigen, daß für einen Teil der Sterne die normale Beziehung zwischen Farbenindex und Spektrum keine Gültigkeit hat. Etwa 50% aller bearbeiteten Sterne vom Typus dKe und dMe weisen einen UV-Überschuß auf. Ihr mittlerer Farbenindex entspricht dem eines G0-Sterns.

   Die von WENZEL in NGC 2264 gefundene Beziehung zwischen den Farbenindizes und der Intensität der Emissionslinien wird bestätigt. Ein anderer Zusammenhang besteht zwischen den Farbenindizes und den von JOY aus den Emissionslinien ermittelten Radialgeschwindigkeiten, wobei aber auf die Unsicherheiten in der Bestimmung der Radialgeschwindigkeiten hingewiesen werden muß. Ob die Beziehung auch bei den aus den Absorptionslinien bestimmten Radialgeschwindigkeiten Gültigkeit hat, kann nicht sicher entschieden werden.

4. Nach den Zählungen der Feldsterne in der Umgebung der H_α-Objekte besteht auch eine Abhängigkeit zwischen der Intensität der H_α-Emission und der Anzahl

der Umgebungssterne. Danach muß die Intensität der H_α-Emission als Indikator für die photographische Absorption angesehen werden.

Für wertvolle Hinweise und Diskussionen bei der Abfassung dieser Arbeit gilt mein besonderer Dank Herrn Dr. W. WENZEL.

Den Herren Prof. Dr. C. HOFFMEISTER und Dr. P. AHNERT danke ich für die Durchsicht der Arbeit.

Literatur

[1] JOY, A.: ApJ 110, (1949) 424.
[2] HARO, G., IRIARTE, B. u. CHAVIRA, E.: Tonantz. Bol. Nr. 8, 1953.
[3] MANOVA, G. A.: RAJ Bd. 36 (1959) 1.
[4] DOLIDSE, M. W.: AZ 202, 1959.
[5] CHOLOPOW, P. N.: VS 8 (1951) 2.
[6] GÖTZ, W.: MVS Nr. 192, 1955.
[7] WENZEL, W.: NblAZ 11. Jhrg., Nr. 8, 1957.
[8] GÖTZ, W.: MVS Nr. 359, 1958.
[9] GÖTZ, W.: MVS Nr. 361, 1958.
[10] GÖTZ, W.: MVS Nr. 362, 1958.
[11] GÖTZ, W.: MVS Nr. 415, 1959.
[12] WENZEL, W.: Mündl. Mitteilung.
[13] CHOLOPOW, P. N.: RAJ Bd. 36 (1959) 2.
[14] HOFFMEISTER, C.: AN 278, 42.
[15] WENZEL, W.: Sonn. Veröff. Bd. 5, 1.
[16] STRUVE u. SWINGS: PASP 60 (1948) 61.
[17] National Geographic Society: Palomar Observatory Sky Survey.
[18] ELVEY u. BABCOCK: ApJ 97, 412.
[19] JOY u. WILSON: ApJ 109, 231.
[20] BIDELMAN: ApJ Sup. 1, 210.
[21] BEYER: AN 263, 70.
[22] GÖTZ, W.: Sonn. Veröff. Bd. 4, 3.
[23] GÖTZ, W.: Die Sterne, 31. Jhrg., S. 73, 1955.
[24] GÜSSOW, K.: AN 280, 1.
[25] HA Vol. 112.
[26] Bergedorfer Spektral-Durchmusterung Bd. 3.
[27] BÖHM, K. H.: ZAp 43, 4.
[28] PONOMAREVA (MANOVA), G. A.: AZ 210, 1960.

FSC
www.fsc.org
MIX
Papier | Fördert
gute Waldnutzung
FSC® C083411

Zeitfracht Medien GmbH
Ferdinand-Jühlke-Straße 7
99095 Erfurt, Deutschland
produktsicherheit@kolibri360.de